U0331873

，请
恕我直言

经济新常态下公众热议话题之微评析

赵宇辉◎著

中国财富出版社

图书在版编目（CIP）数据

请恕我直言：经济新常态下公众热议话题之微评析 / 赵宇辉著 . —北京：中国财富出版社，2015.10

ISBN 978-7-5047-5655-8

Ⅰ.①请…　Ⅱ.①赵…　Ⅲ.①互联网络—文化研究　Ⅳ.① TP393.4-05

中国版本图书馆 CIP 数据核字（2015）第 078291 号

策划编辑	李彩琴	责任编辑	于 淼 李彩琴		
责任印制	方朋远	责任校对	饶莉莉	责任发行	敬 东

出版发行	中国财富出版社		
社　　址	北京市丰台区南四环西路 188 号 5 区 20 楼	邮政编码	100070
电　　话	010-52227568（发行部）	010-52227588 转 307（总编室）	
	010-68589540（读者服务部）	010-52227588 转 305（质检部）	
网　　址	http: // www.cfpress.com.cn		
经　　销	新华书店		
印　　刷	北京京都六环印刷厂		
书　　号	ISBN 978-7-5047-5655-8 / TP · 0092		
开　　本	710mm × 1000mm　　1 / 16	版　　次	2015 年 10 月第 1 版
印　　张	13.75	印　　次	2015 年 10 月第 1 次印刷
字　　数	183 千字	定　　价	56.00 元

我们生活在一个可堪称大变革的时代。只要稍微留意一下每天发生在身边的大事小情，就不难发现，其中有许多是我们以往所未遇见过的，或者，虽曾经遇见过，但外在表现形式和内在实际内容已经或正在发生变化。单就经济领域来说，新常态一词的出现，本身就折射了太多太多的新事物。

面对这些如潮水般涌来的各种新事物，人们当然要关注，也当然要寻求专业解释。然而，当人们试图凭借既有的经济学常识去分析和解读这些新事物时，又会发现，它们的起因和结果往往显得极其复杂，有些是我们所熟悉的，可以从既有的经济学教科书中找到答案。有些则是我们不熟悉的，也是既有的经济学教科书尚未覆盖的。因而，可以做出的几乎唯一的相对恰当的选择，就是将学习和研究融合在一起，在学习中研究新常态运行的基本轨迹、在研究中把握新常态运行的基本规律。以此为基础，方可能完整而准确的认识、把握、适应和引领新常态。赵宇辉同志的新著《请恕我直言——经济新常态下公众热议话题之微评析》就是在如此的背景下、基于如此的目的而完成的。

本书是作者针对近期经济社会发展中出现的新热点、新现象所进行的评析，既包括了住房、养老、物价、融资、就业等宏观政策问题，也包括了老百姓的购物、出行、生计、产权等具体的民生问题。虽然针对的是比较具体的现象和问题，但却是立足于经济发展新常态的宏观背景而进行的研究。概括起来，本书具有如下几方面的特点：

其一，针对性。作者紧密跟踪新常态下的各种经济现象，特别是

公众和社会广泛关注的热点、重点、难点问题，有针对性地进行分析研判，提出的对策建议具有较强的时效性和可操作性。

其二，政策性。通过对各种经济现象、百姓心里预期的分析，预判相关经济政策的走向，并提出有关的政策建议，是作者探讨这些问题的出发点和落脚点。

其三，前瞻性。新常态下需要新理念、新思维，需要准确地认识和把握新常态带来的新特征和新规律。作者不断开拓思想，认真思考问题、分析成因、研究对策、谋划改革，注重对各种经济现象的发展趋势和规律的分析把握，既立足当前，更着重长远。

其四，可读性。收录在这个集子中的文章虽篇幅不长，但既摆事实，又作分析；既看到问题，又提出对策，可见作者掌握了大量信息，并进行了"由此及彼，由表及里"的深入思考，实现了认识的升华。因此，读起来有滋有味。

作者对新常态下公众关注和社会热议的经济现象的评析，一定会给理论和实际工作者带来有益的启迪和认识，对进一步研究新常态带来的经济运行的新特征、新规律、新要求也会有所帮助。当然，对新常态下热点经济现象的认识也是一个不断研究和探索的过程，书中的不足之处在所难免。知与行是辩证统一的，只要是不断探索，深入研究，就一定能够取得新的收获，新的成果。

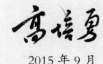

2015 年 9 月

目录
CONTENTS

001 我们生活的这个时代

159　　无规则不成方圆

我们生活的这个时代

这个时代，我们的生活越来越便利，却抵挡不住层出不穷的食品药品安全事故；我们的钱包越来越鼓，却始终赶不上房价高涨的速度；我们在享受手机带来的极大便利的同时，却要每天担心自己的隐私会不会被公之于众……

中秋圆月需简约而不简单

不知不觉间，一年一度的中秋佳节正日益临近。作为节令食品，各式各样的月饼相继被摆上货架。以北京为例，稻香村、阜成门精品华联、京客隆等老字号店铺、商场、超市都已开始了新一轮月饼促销活动。

值得关注的是，今年不少商家推出的月饼都在包装方面做了简化，多为纸盒装，而以往那些标出天价的高档产品则难觅踪影。

据了解，在老字号店铺中，稻香村销售的盒装月饼价格为每盒 59~429 元，大多数都是纸质包装，而吴裕泰新近推出的茶月饼价格则被限定在 158~388 元。此外，某些大型超市销售的月饼价格同样较往年有所下降，最贵在 300 元上下，最便宜的款式则只有 100 元左右。即便是一些商场内，月饼价格也普遍在 100~300 元，少数精装款式则为 500 元上下。尽管在很多线上店铺中，高档礼盒与酒类、茶具搭配出售的月饼套装依旧比比皆是，且商家给出"免运费"等优惠，交易量却始终为"0"。这说明，在时隔多年之后，价格低廉的简装月饼又一次在中秋节成为市场主打商品的可能性已越来越大。

那么，为何在高档月饼占据市场多年后，今年的中秋节会再度盛行简装月饼，二者之间究竟又有多少不同之处呢？

仔细观察不难发现，每年元宵节、端午节与中秋节前后，众多商家都会借销售节令食品来大赚一笔。这其中尤以月饼最具卖点。之所以如此，主要在于相比汤圆和粽子，月饼不仅外形各异，通过添加不同原料，还能制作出琳琅满目的品种，这就使商家获得了更多自由创造的空间，进而不断研制出新产品。同时，比起其他两种节令食品，月饼的制作工序相对烦琐，因此大多数人更乐于去店铺购买，而很少有人选择自制，这也在很大程度上为商家提供了叫价的资本。另外，由于大部分种类的月饼都便于存放，且保质期较长，这便使其销售周期得以延长。因此，月饼确实具备大卖的条件。

然而，各式各样的月饼相继进入市场后，不仅成为很多家庭在中秋节期间的必备食物，更是被人们当作赠送礼品的不二选择。

于是，商家开始将创意与销售的重心转移至月饼外包装方面。木质礼盒、手提果篮、精品套装——各类披着华丽外衣的高档月饼逐渐统治了市场，成为中秋节期间的主流商品，而其少则数百元、多则上千元的价格也让普通消费者望而却步。更多时候，人们还是会选购一些简装月饼用以节庆食用。至于那些价格高昂的高档月饼，几乎被贴上了"送礼专用"的标签，这也间接助长了社会不良风气。对此，中纪委近日召开会议，强调要坚决刹住中秋节公款送月饼送节礼、公款吃喝和奢侈浪费等不正之风。所以，简化月饼包装能够使其在更加便民的基础上，进一步落实贯彻中央对于纠正"四风"的要求，净化社会环境。

当然，外包装得到简化并不意味着月饼本身也要回归传统。相反，最新调查结果显示，60%的年轻消费群体更加青睐新式月饼。在他们看来，月饼不断推陈出新不仅仅是其自身升级的体现，更代表着中秋文化的与时俱进。例如，首创法式月饼的味多美今年再度推出多款新品，价格在100~280元，与目前市场上的主流价格相差无几，就备受年轻顾客的喜爱。一些业内人士也认为，人们的消费观念正在发生变化，猎奇、尝鲜的意识越来越强。正因如此，在简化外表的同时不断丰富月饼的内涵，接下来将成为商家销售的重心。

中秋圆月——需要的是简约而不简单。

2013 年 8 月 27 日

我们生活的这个时代

延迟养老需要配套补丁

随着社会快速进步、生活水平不断提高，我国老年人口增长出现高峰，"4+2+1"式家庭逐渐增多，使得近几年国内人口老龄化快速发展，老龄化社会步步紧逼。前不久，清华大学专家团响应国家人力资源和社会保障部关于养老体制顶层设计方案的社会意见征集，公布了自行研究的养老体制改革方案，一度引发各界人士的热议。

据了解，该方案建议从 2015 年推行国内职工逐步延领养老金计划，争取到 2030 年将男女居民获取养老金的年龄延迟至 65 岁。

方案指出，预计 2025 年中国便会迎来深度老龄化社会，届时老年赡养比例将达到惊人的 1：5，而延长领取养老金的年龄通常应提前 20~30 年完成，改革可谓势在必行。同时，根据精算原理，60 岁获取养老金是建立在居民人均寿命 75 岁的基础上。等到 2030 年，中国人口的平均寿命将有望延长至 80 岁，自然有必要提高职工领取养老金的法定年龄。不仅如此，目前我国的养老金已存在超过 2 万亿元的空账，同样在一定程度上加快了养老制度改革的步伐。

然而，此前中国青年报通过搜狐客户端对 25311 人进行的一项题为"你对延迟退休持什么态度"的调查显示，高达 94.5% 的受访者对此表示反对。虽然相关人士很快做出解释，说明延领养老金并不是指延迟退休，但大多数人仍旧不愿接受这一方案。

之所以出现如此多的质疑，主要还是因退休之后领取养老金——这种养老模式已被国内职工普遍认可。在他们看来，退休后拿不到钱的这段时间无异于变相下岗，而延迟领取更使其所得养老金总额减少，进一步加大生活压力。仔细观察不难发现，由于当下就医难度较大、费用较高，一旦老年人患病，治疗及护理无疑都是巨额花销。如果有一份稳定的养老金，他们就可以在保障自己基本生活的同时，积攒一笔应急资金，以备不时之需。但是，延领养老金意味着老人不得不在日常生活和医疗保健等方面更加依赖其子女，对于那些本就面临高物价、高房贷的年轻人而言，压力可想而知。因此，人们反对清华版的改革方案，究其根源是对国内养老保障体系不够健全产生的担忧。

这就说明，想要真正使居民放下心来接受改革，进而顺利实行延领养老金计划，就必须完善国内养老保障体系。

具体来说，政府及有关部门必须尽快研究并出台一些针对延领养老金人群的补偿措施。例如，计划于 2014 年试行推广的以房养老——即通过抵押或出租产权房换取养老金的新政若能进一步加以完善，或许能从很大程度上缓解老人的生活压力。此外，在老人退休且尚未拿到养老金这段时间内，可以尝试由政府贴息等多种方式为其办理医疗贷款，等到他们拿到养老金后，再分期予以偿还，进而减轻其就医压力。更重要的是，福利机构需扩建免费或价格低廉的老年公寓和医疗场所，供经济条件不佳，抑或是子女无暇照顾的老人入住，并且派遣专人长期对其进行护理。凡此种种，方能从根本上免除退休职工的后顾之忧。

延领养老金并非不妥，但前提是需要完善配套的"补丁"。

2013 年 9 月 18 日

"以房养老"应属抛砖引玉

随着社会不断发展，生活水平日益提高，以及越来越多的家庭步入"4+2+1"模式，养老不仅是很多年轻人肩上的千斤重担，更是无数已退休老年人感到忧虑的问题。在这种情况下，进一步完善国内养老保障体系可谓迫在眉睫。

前不久，国务院公布的《关于加快发展养老服务业的若干意见》明确提出"开展老年人住房反向抵押养老保险试点"即"以房养老"，一度引起大众的关注。

调查数据显示，截至 2012 年年底我国 60 周岁以上老年人已达 1.94 亿，预计 2020 年将达到 2.43 亿，而他们安度晚年的保障多为子女赡养、退休金和保险。但事实上，现在就医费用持续走高，一旦老人患病，昂贵的医疗费用往往使其倍感压力。不仅如此，当前很多"4+2+1"家庭还面临着另一个难题——由于就业形势愈发严峻，年轻人工作压力过大，以致其无暇照顾父母，这也导致老人在晚年的生活质量缺少保障。因此，提供更多新型养老模式已是势在必行。在这一背景下，"以房养老"的概念应运而生了。

实际上，这种新模式指的就是倒按揭。也就是说，老人可以通过将自己名下的产权房抵押给有资质的银行、保险公司等机构获得一定数额的贷款用于日常生活开销或入住老年公寓的费用，等老人去世后再用抵押住房还款，以此减轻自身及子女的压力。

然而，"以房养老"也尚有不少需要完善的环节。例如，由于老人的寿命无法预估，贷款期限就不能确定。加之产权房的面积大小、所处位置、新旧程度不一，其价值也各不相同。这样一来，行业机构和老人自身都很难判断抵押房在未来房地产市场的价格走势。一旦房价出现变化，双方都将承担较大风险。同时，目前国内住宅用地的产权只有 70 年，相当一部分老人在进行抵押时房屋产权年限可能已所剩无几，而行业机构既要不断为其支付贷款，又要在有限的时间内收回成本并能盈利，其难度可想而知。

另外值得一提的是，目前国内的养老服务业本就存有诸多缺陷，不仅一些敬老院、老年公寓的环境与服务都难以令人满意，家政服务或护理人员的素质更是亟待提升，他们未必能给予老人更好的晚年生活。所以，无法确定在抵押房屋并获取贷款后，自己未必能得到无微不至的养老服务，也致使不少老年人对于"以房养老"持观望态度。此外，受传统观念影响，大多数老人"养儿防老"的意识可谓根深蒂固。在他们看来，辛辛苦苦攒下的房产，就是希望能留给儿女，而儿女给自己养老也属天经地义，这也是老人普遍不愿轻易接受这种新型养老模式的最主要原因。

事实上，想要让老年人真正获得晚年的幸福，仅仅依靠儿女、养老金，抑或是一种新型养老模式都还远远不够，还需要多方面的共同努力。

具体来说，政府及有关部门应尽快研究并出台更多关于养老保障方面的法律法规。例如，可以尝试企事业单位推行轮休制，使每位职工都能在一个固定的工作周期内获得一定的休息时间去照顾老人。另外，进一步明确有关老年人抵押房屋的市值评估、贷款数额、偿还方式等法律规定，尽可能减少行业机构和老人的后顾之忧。福利机构和家政公司则要在扩建敬老院、老年公寓，扩招员工的基础上，强化内部管理，定期对服务、护理人员进行专业技能和履职态度的培训，并且不定期地进行考核、评估与监督，进而从根本上提升服务质量。凡此种种，或能让更多老年人放下顾虑，逐渐接受并敢于尝试新型养老模式，使人们真正做到"老有所养"。

日前，民政部相关负责人表示，根据经济社会发展水平、职工平均工资增长、物价上涨等情况，国家将进一步完善落实基本养老金、基本医疗、最低生活保障等政策，适时提高养老保障水平。正因如此，相比于"以房养老"这一模式本身，其价值更在于抛砖引玉，使更多人思考如何完善养老保障制度。

2013 年 10 月 9 日

奶粉打开药店大门，
却未推开消费者心灵之窗

　　作为婴幼儿最主要的食物，以及很多成年人餐桌上重要的组成部分，奶粉几乎一直以来都是国内居民必备的消费品，其受关注度也始终高于其他食用商品。特别是三鹿奶粉事件被曝光后，人们对于国产奶粉安全性的监督意识日益提升。但即便如此，乳制品行业却还是屡屡出现产品质量问题——强化市场管理与质检力度已是箭在弦上。

　　近日，北京市积极贯彻有关部门要求，率先开启了药店销售奶粉试点工作，来自国内外共计 11 个品牌的产品已正式被摆上货架。

　　据了解，此次试点期间进入药店的奶粉均为厂家直接提供，中间只有一个经销商。这就使商品从生产到销售的供应链得以封闭，从而减少中间环节，最大限度地防止人为调价及出现非法添加等问题。同时，奶粉的包装罐和健康标识都会统一，以便与市场其他同类产品进行区分。另外，参与试点的奶粉均是通过 ATM（自动取款机）机来销售，并且在原有二维码的基础上加入电子标签，能够实现追溯到人。这样一来，就可以避免此前商品被发现质量问题后找不到消费者的情况再度发生。

尽管在奶粉供应、销售和售后等环节都得到一定程度的改善，使得产品的质量把控总体较以往更为严格，但作为刚刚开始推广的新型销售模式，药店销售奶粉也尚有需要完善之处。

目前很多商场、超市和专卖店同样有条件实行这种"ATM 销售模式"。与药店相比，这些大型卖场在质检、售后服务等方面具有更多经验。单纯在药店开展试点工作，无非是希望将奶粉的安全性上升至等同于药品的高度，从而重新在人们心目中塑造乳制品（特别是国产奶粉）的良好形象。但是，药店仅仅强化了销售环节的管理，并不涉及生产环节，而出现此类商品的问题恰恰是因为后者。也就是说，如果不能在奶粉的配方安全标准、原材料选用、制作环境与工艺等方面加强监管，一旦产品自身存有安全隐患，再严格的销售系统实际上都很难起到预期的作用。

另外值得一提的是，相关部门虽然指定了部分药店进行试点，却并未限制其他药店自行销售奶粉，商场、超市、专卖店也都能照常出售此类商品。加之试点药店和生产企业之间还是会有一个经销商，导致产品的供货渠道仍旧难以做到绝对令人放心，对比市场上其他销售点也就没有明显优势。这样一来，如果自主营销的商家打出降价牌并推动价格战，试点药店的吸引力便会大打折扣。部分消费者之前就曾表示，去逛商店或到超市买东西时，都可以顺便买到奶粉，药店并未展现出其与众不同之处。

事实上，想要真正让药店卖奶粉——"ATM 销售模式"得到人们的认可，有关部门必须在严格监管商品源的前提下，赋予药店专营权。具体来说，应该进一步完善乳制品生产方面的各项标准并提出更加明确的质量要求。同时，还应派专人进入企业，长期对其研发、制作予以监管，若发现有不合格产品则对商家进行重罚，迫使其不断提升商品质量。另外，随着试点工作持续推广，行业部门需要效仿对于药品的管理模式，逐步限制其他卖场及未经许可的药店自主出售奶粉，并在此基础上对单款商品实行统一标价，杜绝同行业间的恶性竞争。更重要的是，相关部门还需设法尝试为企业与药店建立面对面沟通的平台，让奶粉生产商直接向药店供货，避免经销商从中牟取不当利益。凡此种种，方能令试点工作真正有意义。

奶粉打开了药店的大门，走进了 ATM 机，但想要推开消费者心中的那扇窗，还有很长的路要走。

2013 年 11 月 6 日

当高价房屡禁不止

近些年，国内一、二线城市不断加快发展步伐，在渐渐成长为世界瞩目的国际化大都市的同时，吸引了越来越多本土求职者与外来投资者的关注。他们开始远离家乡，千里迢迢落足于这些城市，只为寻求更好的发展契机。也正因如此，以北京、深圳、武汉等地为代表的大中型城市房价也开始水涨船高，而且居高不下。

近几年，政府及有关部门将如何调控房价，使之回归到合理区间内，便一直是大家关注的焦点。近日有报道称，北京、深圳等地再度有高价房涌入市场，购房者那根敏感的神经又一次被触及。

2013 年以来，国内诸多大中型城市都将严控楼盘价格涨幅及高价项目入市作为楼市调控的重中之重。例如，北

京就曾明确要求每平方米高于 4 万元的新建楼盘不得发放预售证；其他一些地区也加大了对中小型、中低档价位新盘的审批力度。不过，进入 2014 年后，"天价楼"并未继续沉寂。仅在 1 月份，北京市就有三个每平方米超过 6 万元的项目获得审批，其中最高价楼盘的均价已达到每平方米 9.5 万元；无独有偶，深圳市新近开盘的两个项目均价同样突破了 4 万元大关，带动新楼市场价环比上涨 30%；即便是之前长期保持着每平方米 8000 元左右的武汉光谷地区，许多新项目的价格也一度超过了每平方米 1 万元。

不可否认，房价时高时低不只给购房者造成很大困扰，同时也严重违背了市场规律。但更值得关注的是，相比一、二线城市的持续走高，国内中小型城市的楼市却开始呈现出萎靡的趋势。数据表明，2014 年 1 月，调查范围内的 25 个国内三线城市与 14 个四线城市的新建楼盘成交量分别只有 11.22 万套和 1.63 万套；前者不仅连续三个月成交量走低，更是创下近六个月的新低；后者的成交量则跌至最近十一个月的最低值：城市规模不同造成楼市明显分化的问题正被日益凸显。

事实上，一、二线城市房价增速过快、供需矛盾突出，而中小型城市楼市相对较冷的顽疾早在十年前就已经显现，却始终未能得到根治。究其根源，还是在于国内三、四线城市的发展速度过慢，同大都市的综合实力相比差距过大，导致城市之间的人口比例严重失衡。

虽然近两年有一些身处一线城市的人们选择离开，但更多是由于无法承受就业、生活带来的繁重压力所采取的无奈之举，并非甘愿放弃在大城市立足的机会，而他们的新栖身地也多为二线城市。相反，不少中小型城市的工作压力和生活环境都非常宽松，却依旧因经济、教育、医疗、科技发展相对滞后，职业发展空间相对较小，商业不够发达、综合性娱乐资源匮乏等缺陷而很难获得同一、二线城市竞争外来资源的机会，同时也就无法改变众多有志青年投身大都市的意愿，即便那里的职场竞争十分激烈；即便那里的日常消费让人不堪重负；即便那里的空气污染严重、交通异常拥堵；即便那里的房子已是寸土寸金。

当大都市聚集了太多外来常住人口时，房屋住宅的需求量势必不断攀升。与之对应，中小型城市的硬件设施不甚理想，人口不断流失，楼市自然就会持续降温。因此，政府及有关部门诚然应继续加大对于一、二线城市房价的调控力度，尽可能限制高价房入市。但更重要的是，地方政府应及时对自身城市的特点和发展方向进行准确定位，打造具有自身优势和特点的品牌。例如，某城市可以重点扶持发展食品产业；某城市可以重点扶持发展服装产业；某城市则可以重点扶持发展旅游产业。这样一来，不同专业领域的资源和人才方能根据自己的特长投身到不同城市，进而在合理分配城市资源及人口比例的基础上，使城市之间房屋住宅的需求量变得更加均衡，以求实现大都市房价回归合理区间的最终目标。

当一、二线城市的高价房屡禁不止，我们有必要思考应对之策了。

我们生活的这个时代

2014 年 2 月 27 日

一线城市迎来另类"金九银十"

　　一直以来，国内大中型城市居高不下的房价令无数居民感到头痛不已。特别是北上广等国际大都市，巨额房价使得无数刚刚进入职场的年轻人欲求一"蜗居"而不能得。在这种情况下，坚持调控房价便成为了政府部门近年来的重点工作。

　　如今，在这个所谓"金九银十"的季节，国内一线城市的房屋价格正在集体呈现出下跌的趋势，房价调控工作似乎收到了成效，甚至超出了人们的预期。

进入 2014 年后，北京、广州、深圳三地的房价涨幅均回落至 20% 以下，而上海的房价涨幅也仅仅达到 20.9%；到了 2014 年 5 月，京广深三地的房价涨幅仅为个位数；2014 年 6 月，一线城市的房价涨幅全面滑落至个位数；2014 年 7 月之后，所有一线大都市的房价开始环比下跌。这说明，国内一线城市的房价正在表现出下降的态势。要知道，2013 年 9 月至 2014 年年初，北上广深还曾共同保持着每个月房价环比上涨超过 20% 的惊人纪录。

于是，人们不禁会产生这样一个疑问：作为常年居高不下且不断上涨的一线都市的房价，为何会渐渐回落呢？

实际上，近几年国家为了缓解城市居民的住房压力，已经逐步加快了保障房建设的进度。包括廉租房、经济适用房、政策性租赁住房在内保障性房产相继落成。同时，共有产权房试点工作也已在北京、上海、深圳等多个城市展开，这也从一定程度上为急需住房的人们解决了燃眉之急。因此，急于买房用来自住的这部分消费者对于商品房的热衷程度已较过去有所减弱。另外，房产限购条例的实施，以及正在试点，未来或将推行的房产税政策，则为想要通过买房来进行投资的人们设置了不小的障碍，这也在某种程度上削弱了他们买房的动力。所以，当消费者对房子的需求量降低之后，价格回落自然就是情理之中的事了。

不仅如此，在一些业内专家看来，信贷紧缩、库存高压、开发商面临财务困境，同样是造成一线城市的商品房销售状态不佳的重要原因。2014 年"金九银十"到来后，商家必然更加迫切地想要进行周转，这或将导致房价进一步下行。

仔细想想，若国内房价持续下滑，对于那些寄希望通过购买房产进行投资的人而言，可谓一次不小的打击。但换个角度来看，这也能极大地改善大都市居民的生活状态。例如，人们不必再为了积攒购房的首付款或偿还高额房贷继续长年累月地过着拮据的生活，而是可以去追求更高品质的生活状态。特别是年轻人不必为了买房、租房而拼搏，而是可以根据自身特长选择适合自己发展的职业。当人们能够生活得更健康、更愉悦，选择的职业与自身条件更为契合，势必也就能为社会发展做出更多的贡献。此外，房价下行还能有助于其削减，乃至失去投资的功能，进而使之还原"供人居住"——这一最基本的作用。这样看来一线城市房价下滑未尝不是好事儿。

2014 年 9 月 25 日

产权共有之后

随着经济全球化时代的到来，国内大中型城市的发展速度也在近些年变得越来越快，而其对于外来人口的吸引力更是呈"井喷式"增长，随之而来的是一、二线城市的房价逐年走高，甚至已经远远超出了大多数居民能够承受的范围。在这种情况下，如何满足大中型城市居民的购房需求，无疑已成为当务之急。

近日，相关部门负责人表示，作为政策性住房的一次新尝试，共有产权房已开始在国内六大城市进行试点。参与此次试点的城市包括北京、上海、深圳、成都、淮安、黄石。主要的运作模式为：首先由地方政府让渡部分土地出让收益，然后以较低的价格配售给符合条件的保障对象家庭；在配售时，双方需签订一份能够明确各自所占的产权比例、该保障房未来上市交易的条件与所得款的分配份额的合同。这样一来，一些经济条件有限的购房者只需支付部分房款便能解决住房问题。更重要的是，由于此类住房为有限产权房，政府与购房者就将共担该土地、房屋的增值收益，以及贬值风险。所以，相比于完全产权的经济适用房与限价房，共有产权房能够大幅压缩投资获利和非法牟利的空间，进而对规范廉价房制度，遏制高价房蔓延起到一定积极作用。

业内人士表示，共有产权是先将产权定下来，而没有牟利空间，就能很好地杜绝"开宝马住经适房"和"经适房抽签六连号"等不良现象的出现。

然而，就现阶段来说，共有产权房也有其自身的问题。其中，最需要尽快完善的环节便是权益的划分。时下部分试点城市正在不断优化调节此类住房产权比例的机制，购房者可以根据自身经济状况，在50%~100%的几档出资比例中自由进行选择。那么，当购房者出资比例大于政府时，是否也会获得更多处理该房产的权益？举例来说，政府与购房者签订产权合同后，未来购房者需以什么价格收购剩余产权？再比如说，在双方共有产权期间，若有第三方想收购该房产，购房者会不会拥有出售与否的决策权？另外值得关注的是，一旦购房者在产权共有期间出现意外或死亡，其享有的产权将归于法定继承人，还是将由政府回收？这些问题的存在都证明共有产权房制度尚有完善空间。

正因如此，政府和有关部门应根据试点期间的具体情况，进一步尝试完善共有产权房存在的问题，以求真正缓解大中型城市居民的购房压力。当务之急，需尽快研究并制定一套科学、严谨、公开、透明的共有产权房运行机制，并且建立一些专业的评估与监管机构。这样，一方面，能避免因政府收购个人产权时估价虚高而造成利益输送；另一方面，则可以杜绝购房者回购政府产权时，因市场评估价降低而获取较大的经济利益，进而最大限度地为双方打造一个公平的交易平台。此外，有关部门还可以尝试正常情况下将土地、房屋的产权持有者所享有的全部权益进行拆分。之后，再依据购房者出资的比例来决定其在产权共有期间能够获得多少、哪些处置该房产的权利。如此，关于该房产的具体问题便都能找到具体的决策人，以求避免不必要的产权纠纷，保障双方的利益。

在房价居高不下的今天，共有产权房的应运而生可谓必然。因此，相关负责人更应仔细思考——产权共有之后。

2014 年 6 月 26 日

我们生活的这个时代

老龄化社会来了，养老体系却还在路上

截至 2012 年年底，中国 60 岁以上人口高达 1.94 亿；预计在 2020 年，这一年龄段的人口将增至 2.43 亿；到了 2025 年，该群体将突破 3 亿。国内人口老龄化严重的问题正愈发凸显。更值得关注的是，经济合作与发展组织（OECD）的大多数成员国在进入老龄社会时，人均 GDP 约 1 万美元，而中国则仅达到此标准的 10%。现在国内老龄人口的财产性收入仅占其资产结构的 0.3%，几乎要全部依靠子女供养。

近期，清华大学与有关媒体联合发布了包括"老龄社会发展指数（2012）、养老金发展指数（2013）、医疗保障发展指数（2013）"在内的三大养老指数。其中，只有医疗保障发展指数（2013）得到 62.7 分，勉强达到及格线，另外两项均未能及格。

统计表明，早在 2011 年，我国实际老年赡养比就已经高达 5∶1，即平均每五名劳动力就将赡养一位老人。若再从 14~64 岁年龄段的人群中减去学生、失业、低收入等群体，赡养比有可能在 2020 年达到 2∶1~3∶1。也就是说，届时每两到三个年轻劳动力就要赡养一位老人，即步入超级老龄化社会。不仅如此，相比许多已按照老龄化时间表对养老金结构做出调整的国家，我国仍旧在养老金制度方面存有碎片化、持续性差、不够公平等缺陷。此前，国内仅有约 3 亿人参加城镇职工养老保险，而到了 2013 年 10 月，有 3800 万人中断缴纳保费。即便是在达到及格线的老年人医疗保障方面，我国也存在优质福利场所与护理人员凤毛麟角、供不应求等问题；大多数养老院设备过于简陋、从业人员服务难以令人满意等硬伤。上述问题都在很大程度上放慢了应对中国老龄社会的发展步伐。

之所以出现这一情况，实际上存在诸多方面的原因，并非仅仅在养老本身存有问题，更不是单纯表现在某一环节或某一领域的不足。

由于我国现行产业结构尚未达到合理状态，导致资源分配不够均衡。这样一来，就使得大城市的竞争过于激烈，中小型城市又缺少发展空间，进而造成了各行业总体就业环境难尽如人意。同时，我们发现西方许多国家的老龄人收入中，财政转移支付、劳动收入和财产性收入都占据非常可观的比例，老年人可以拥有一定的养老资产与人力资本，且能够在全民消费总额占据相当大的比重，以至于通过拉动经济弥补人口老龄化给社会带来的负面影响。而在中国由于老龄人缺少经济来源，消费能力、投资能力、纳税能力都远低于全民平均水平，从而不得不依赖子女赡养，其家庭承担的压力自然可想而知。此外，当前我国的养老补贴在城乡范围内的水平太低，平均每人每月只有 80 元左右，而且转移携带也非常不便，很难起到应有的养老保障功能。与之相比，城镇养老保险则是由企业依据员工工资的20%，职工按照个人工资的 8% 缴纳。但也正因为这种制度同员工报酬紧密挂钩，有些企业往往为减轻负担而降低工资或减少用工。从职工的角度说，个人缴费的利率只有 2%，远远不能和大型银行的储蓄利率相比，并且无法进行投资，所以很多人宁愿早退休，以求少缴费、早领退休金，这些都直接加速了我国步入老龄化社会的进程。另外值得一提的是，我国目前药费占比太高、人均医药费增速过快，且缺少一项专门针对福利机构及相关从业者的管理制度，同样也是目前国内养老问题日渐凸显的原因之一。

正因如此，想要及时有效地应对即将到来的老龄化社会，就必须通过社会各界的共同努力。具体来说，政府和有关部门应在加大产业结构调整力度、合理分配产业资源、提高劳动人口就业率的基础上，推出一些鼓励老年人消费与投资的政策，引导他们利用自己在农村的土地或在城市的房产赚取养老资产及人力资本。同时，相关机构需尽快建立规范统一的全国居民养老金制度，同时要设法做到个人养老金账户的保值增值，使之能够跟得上，甚至是超越银行储蓄利率的增长速度，以求激发人们参与购买养老保险的热情。最重要的是，行业部门不仅要调整医药费的增速，使其能够为老年人所承受，还需尽快建立更多环境和服务都能达到优质的养老机构，并且对服务人员实行问责机制，以此强化服务管理。如此，或能改善国内老年人的生活质量。

老龄化社会来了，养老体系却还在路上——该加速了。

2014 年 3 月 20 日

我们生活的这个时代

若中国"土豪"将购房全球化

　　随着我国居民的生活水平日益提高、经济条件不断改善，以及投资意识愈发加强，使得人们购买房产的欲望变得越来越强烈，这就造成国内房地产市场呈现出了前所未有的火爆状态。特别是在一些大中型城市，持续走高的房价已经渐渐超出了人们的预期。加之近几年出台的限购条款及愈发严苛的贷款条件，很多人只能望而却步。

　　在这种情况下，越来越多的国内购房者开始将目光投向海外市场。从距离较近的新加坡到相对较远的美国、英国乃至遍布全球，中国"土豪"正在成为世界范围内的买房大户。

　　据相关数据显示，2013 年中国购房者在海外房地产方面的投入高达 135 亿美元，远超 2012 年的 63 亿美元。这其中，民营企业复星国际凭借 7.25 亿美元巨资购得纽约地标建筑，位于曼哈顿下城的 60 层写字楼——第一大通曼哈顿广场便颇具代表性。同时，伦敦、悉尼等国际化大都市也相继迎来了大量中国客户，进而

在很大程度上带动了这些地区房地产行业的发展。对此，一些海外媒体纷纷表示，通常到海外买房子很容易被看作是不计成本的"土豪行为"，但中国购房者更像是经过了仔细计算。他们不仅有钱，人也不"土"。

外国媒体的看法也很好地说明了大量中国购房者在海外买房的深层次原因，即对个人与家庭的未来进行投资。

大多数中国买家在国外购房极具针对性，相当一部分买家会选购位于国际化金融都市的房产。因为这些世界知名大城市不仅交通便利、商机无限，还会给予外来投资者税收优惠等政策支持，吸引力自然可见一斑。另外，还有很多买家会在教育水平较高、拥有世界顶级高校的海外城市购买房产。一方面，这样可以方便其子女在当地留学；另一方面，也是为其子女最终于当地落户并择业奠定良好的物质基础。同时，不少中老年买家也会将目光投向海外房地产市场，并且优先挑选环境怡人、养老保障体系完备地区的房产，以求更好地规划其晚年生活。最重要的是，时下很多海外房地产销售商都打出了"买房送移民"这张促销牌，即购房者买下价值达到一定金额的房产便能申请在该国的居住权。此举无疑为有意在海外购房的买家解除了后顾之忧，不仅使之买房的各种初衷得以实现，也大大提高了海外房地产市场的竞争力。

我们生活的这个时代

　　然而，海外房地产市场的积极竞争不仅会在一定程度上加大国内居民的移民倾向，造成人口特别是人才的流失，也会进一步加大国内商家的压力，这在一定程度上不利于房地产行业发展的稳定和人们的安居乐业。因此，政府及相关部门需设法在合理调控房价的基础上，从根本上加强国内房地产市场的竞争力。

　　具体来说，政府应加速产业结构调整的进程，尽可能优化国内各级城市的资源配置，在缓解并逐步治愈一线大都市存在的城市病的同时，助推中小城市不断升级，以此吸引各界投资者及不同领域的专业人才落户，进而带动当地房地产市场。同时，行业部门需加大国内教育改革的力度，明确各大高校的专业特长，并且强化师资力量建设，从根本上提高整体教育水平。另外，有关部门还要尽量快速完善国内的养老保障体系，在设法提高老年人财产性收入比例、加强其自主消费能力的前提下，最大限度地为他们提供赡养、医疗、护理等方面的服务。凡此种种，抑或将间接使国内房地产市场得到更多的竞争资本。

　　在经济条件越来越好的今天，"土豪"率先走出去，将购房全球化。那么，明天呢？我们应及时予以思考。

2014 年 5 月 15 日

康师傅拓展方便食品之路能"方便"吗

作为当今国内最具影响力的食品企业之一，康师傅早在 20 世纪 90 年代就已经凭借旗下的方便面系列产品而闻名于世。之后又成功跻身饮料市场，并且借助这一发展契机赢得丰厚的利润。近几年，志在进一步开拓领域的康师傅集团将目光投向了方便食品，准备向这片"新高地"进军。

然而，2014 年一季度报告表明，康师傅方便食品并未在与市场上的同类产品的竞争中展现出如方便面、饮料这些旗下同名商品无二的竞争力。

报告显示，康师傅集团一季度共计盈利 1.7287 亿美元，同比增长 47.62%。这其中，饮料类商品的利润涨幅最大，达到 288.9%，遥遥领先方便面——这一企业最大业务板块。至于其重点开发的方便食品板块的营业额则只有 2.02 亿美元，同比下降 13.37%，净亏损高达 378 万美元，同比增速为 –546.81%！更值得一提的是，在提升营业额方面，康师傅旗下的方便食品给予集团的帮助始终非常有限。据康师傅财报显示，其方便食品最多时也仅占据企业营业额的 2.56%，并且从 2013 年 3 月以来便一直处于亏损状态，2013 年年末亏损额度就已经升至 1400 万美元。

某业内资深人士认为，康师傅方便食品的营业额难尽如人意，主要原因还是在于时下传统饼干的市场竞争力大不如前，导致该领域的大环境不佳。

其实不只是康师傅，大多数方便食品企业同样处在困境当中。AC 尼尔森的统计数据表明，2014 年一季度饼干市场总体销量同比降低 0.8%。特别是夹心饼干一项，销量跌幅达 8.3%。即便是在方便食品领域最具影响力的企业亿滋也未能幸免。2014 年一季度，因中国区饼干业务大幅亏损，其整体营业额下降 1.2%。究其根源，一方面在于很多消费者的健康饮食意识越来越强，不太愿意经常食用诸如饼干、罐头、速冻水饺这样的方便食品；另一方面随着小食品和饮料行业异军突起并不断走向成熟，人们的消费选择也变得愈发丰富，这就加快了方便食品进入消费疲劳期的速度。这说明，传统意义上的方便食品对于消费者的吸引力正在减弱，它们没有足够的资本去争取稳定的市场份额，商家亏损自然在情理之中。

然而，康师傅仍旧对旗下方便食品的前景持乐观态度，并且在 2014 年一季度报告中公布，将通过与其他企业合作开发奶粉、火腿等产品，寻求其在该项业务板块新的盈利途径。

但事实上，这种知难而上的战略也伴随着一定的风险。毕竟，在一个大多数消费者并不十分热衷于购买方便食品，最起码不是将其视为固定消费的大环境下，奶粉、火腿对于人们的吸引力很难说一定能好于饼干、罐头或速冻水饺。一旦新产品不断问世，却仍旧未能带动销量，其亏损额度势必进一步增加。更何况，近几年国内消费市场屡现奶粉、火腿质量问题，若想出产高质量商品，就必须加大在选材、加工、存放、销售等各个方面的监管力度。最重要的是，这些产品早已拥有成熟的经销商及品牌，市场格局已不易更改。如想抢占市场，难度可想而知。凡此种种，都证明康师傅想要扭转其方便食品面临的不利局面并非易事。

在诸多主营方便食品的企业均转战饮料领域的今天，康师傅坚持前行于开发方便食品的路上，但这条路或许并不"方便"。

2014 年 6 月 10 日

我们生活的这个时代

当手机实名制之后

随着科技水平不断提高，通信行业也获得前所未有的发展，手机成为人们日常生活中必不可少的通信工具。但与此同时，很多不法商人也将目光转移至这一现代化通信工具，垃圾短信、诈骗电话等现象日益泛滥，成为其牟取不当利益的新手段，这也使得相关部门、行业人士与广大手机用户倍感头痛。

2013 年，由工信部制定的《电话用户真实身份信息登记规定》（以下简称《规定》）正式开始施行，这标志着国内通信业务将正式步入实名制时代。

值得注意的是，电话实名制的适用范围应包括固话、手机和无线网卡等通信设备。这其中，固话原本存在用户实名制属性，且近几年的使用率逐渐下降，而无线网卡本身也属于小众产品。因此，此次《规定》主要针对的便是手机领域。新规实行后，用户想要开通手机卡，就必须提供身份证等有效证件进行注册，否则将无法办理开户或更改业务。此外，虽然报刊亭、零售点还在销售手机卡，但用户同样需要先去营业厅办理登记之后才能使用。这样一来，行业部门便能将每个手机号持有者的信息予以备案，一旦出现通过手机进行骚扰、诈骗等不法行为，公安机关通过调取相关资料便可很快掌握犯罪信息，从而大大降低了破案难度，一定程度上提升手机安全系数。

然而，就当前来说，这份实名制规定尚有亟待完善之处，特别是其在对垃圾短信和手机诈骗起到限制作用的同时，也带来了一些新的安全隐患。

据了解，尽管新规已经强制实行，但部分代理商表示，用户还是能够在不办理实名注册的情况下激活手机卡。之所以会出现这种情况，主要是因为该《规定》并不针对此前已开通手机业务的用户。于是，很多商家都赶在新规实行前激活了一定数量的手机卡，现在仍对外销售。某代售点老板就承认，现在他手上有一些提前开通的手机卡，因无须身份登记而非常抢手，所以价格也相对更高。显然，这将在很大程度上放慢实名制的落实进度。不仅如此，还有部分商家干脆回收并出售一些已经办理实名注册的手机卡，个别零售点老板更是表示，一张身份证就能开通十张卡！这说明，运营商对于旗下代理商及零售加盟商的管理仍不够严谨，而一旦用户的实际身份与登记备案的信息资料不符，不但会引发诸多问题，更会使新规失去应有的作用。

最重要的是，用户通常是在营业厅或代办点开通业务时办理身份登记，且需要填写姓名、证件号、地址、手机号等详细个人信息，而工作人员往往不会在第一时间将这些资料上交或妥善保存。如此一来，便会导致用户信息外泄的概率骤增，这势必会严重干扰其日常生活，乃至对其生命财产安全构成威胁。正因如此，在《规定》实行后，怎样尽快将其不足之处予以完善，已成为有关部门必须解决的难题。

　　具体来说，运营商应立刻着手强化内部管理，对代理商和零售加盟商提出明确要求，禁止其出售已注册手机卡或其他通信业务，并且时常派遣专人进行突击检查，一经发现违规行为则给予其巨额罚款、取消其经营资格等重罚。另外，行业部门需尽快针对实名制注册进行核对，若发现同一份信息资料多次开通相同业务，则立即予以注销，以求最大限度地杜绝一证多开现象。同时，政府部门还应设法研究出台更为安全的身份登记途径。比方说，可以尝试令用户去派出所或民政部门办理注册，之后由工作人员开出证明，营业厅和零售点再依据此证明为其开通业务。这样，就能使用户信息得到很好的保护。新规也将能发挥该有的作用。

　　当手机实名制之后——有关部门与行业人士，你们准备好了吗?

2013 年 9 月 5 日

手机泄密之后

从固话到大哥大再到手机，直至如今琳琅满目的智能手机，电话的发展速度可谓令人咋舌。在全球化信息时代的今天，手机甚至已不再仅仅是单纯用来打电话、发短信的通信工具，而是渐渐蜕变为集照相机、摄像机、音乐播放器、电脑、游戏机、网银、导航器等诸多功能于一身的综合型"数码百宝囊"。

但值得注意的是，正因为人们愈发倚重手机，它所涉及的用户个人信息与隐私也就越多。前不久，小米手机被指"泄密"，使人们瞬间绷紧了神经。

中国台湾信息安全专家透露，小米手机在未经许可的情况下上传用户个人信息。同时，芬安全（F-Secure）测试报告亦表明，小米手机并没有对用户信息进行加密，只是使用明码传递。这就意味着只要是具有较强电脑能力的人便能够凭借监听手段于同一网络环境下盗取用户的电话号。不仅如此，早在 2014 年 5 月，"乌云"安全漏洞报告平台就已经对外披露，小米论坛的官方数据遭到泄露，这也代表着该论坛 800 万注册用户面临着极大的危险。因为这些用户的账号和密码一旦被破解，其邮箱、注册 IP 等个人隐私就将全部泄露，进而很可能导致他们被不法分子骚扰，甚至是欺诈。另外，最近新加坡监管部门也公开表示，正在针对小米手机涉嫌泄露用户信息进行调查。

那么，作为中国智能手机的标志性品牌，小米手机为何会在一番红红火火之后，频繁陷入"泄密门"的旋涡而不能自拔呢？

此前 Canalys 发布的一组数据显示，小米手机在 2014 年第二季度中国智能手机市场份额排行榜位居头名，共计占有 14% 的市场份额。但很快，联想也在通过权威数据证明自己是该季度中国智能手机市场的"老大"。同时，华为、酷派、中兴等手机商家也不断试图利用低价销售与小米一争高下。在这种情况下，作为新兴企业，尚无多少资本的小米自然不免因竞争压力过大而变得"急功近利"。其中，企业未能在系统开发的过程中及时对其产品产生的兼容性、安全性漏洞研发相对应的补丁，便是导致大量用户信息一次次被泄露的直接原因。这说明小米在手机研发方面不够稳健，更缺乏耐心，以致其没能在先做好安全防范工作的前提下便草率进行产品创新，属于"饥饿营销"的代表性案例。

此外，在一些行业人士看来，手机市场不够规范、监管力度不够强同样是造成小米深陷"泄密门"的主要原因。所以，有关部门是时候行动起来了。

为避免再频现小米"泄密门"事件，法律部门应尽快研究并出台关于手机用户信息安全保护方面的法律法规，一旦出现因生产制造原因而导致用户个人隐私泄露的情况,能够有法可依且追究手机商家的法律责任。同时,监管部门也应在新手机上市之前对产品进行严格地检验和测试,一经发现手机存有安全隐患,则禁止商家发售,并且给予其诸如巨额罚款、在一段时间内不得发售新产品等处罚。另外,商家自身也应恪守行业自律的准则,严谨地对待产品研发过程中的每一个细微的环节,及时针对产品安全问题更新补丁,以求最大限度地确保用户个人信息无虞。各方需通力协作,或将真正使国内智能手机提升安全系数。

2014 年,小米手机给所有人敲响了警钟。我们必须予以思考,当手机泄密之后……

2014 年 9 月 4 日

科技手机时代，先辨别再消费

进入全球化信息时代后，手机早已不再只是过去人们印象中的"大哥大"加"BB机"，而是成为大多数人在工作、生活中均不可或缺的一项最重要组成部分。有人就这样形容手机：如果将一个人放在荒无人烟的地方并拿走他的钱包，他一样能够脱险；但是如果拿走他的手机，他就未必可以，因为手机不仅能支付，还能通信、导航，甚至更多。

如今，继苹果、HTC、三星等国际知名手机厂商不断凭借更新产品技术并抢占大量市场份额之后，亿思达也希望能通过发布"全息手机"来开启手机市场的新一轮革新。

所谓全息技术，指的是采用特殊手段记录事物的全部三维图像信息并将其再现的技术。据了解，这种创新技术不仅使人们能从360度观看悬浮在屏幕上的立体图像，还能配合提供的中文交互功能，使人们得到视觉与触觉上的全新体验。举个例子，当用户同他人进行视频通话时，便能感觉到对方的立体画面，进

而达到无限接近面对面交流的效果；老师在授课时，可以提供更加直观的立体图像，以此提高教学的效率；消费者在线上购物时，能够对商品进行立体化观察，从而更方便更全面把握产品细节方面的信息。这些无不令这一全新技术获得了良好的发展前景。因此，在亿思达正式宣称发布全球首款"全息手机"——Takee（钛客）手机后，不只是令市场掀起一场火爆的炒作，更是带动相关企业的股票一路上涨。

然而，这款新产品虽被炒得红红火火，却几乎没被 3D 显示业所认同，且遭受的质疑也愈发变得强烈。

此前有报道称，中国 3D 产业联盟的三十三家院校机构联合发布一则《关于所谓"全球首款全息手机上市"的联合声明与行业自律倡议》，表示我国的全息技术目前尚处于基础研发阶段，"全息手机"暂时不大可能存在。同时，部分业内分析师也认为，Takee（钛客）手机的全息技术只能提供当下较为常见的裸眼 3D 效果，却无法通过三维立体显示技术将图片呈现于屏幕上方。尽管 Takee（钛客）手机确实能进行"空中触控"，但仅限于悬空玩游戏和滑屏解锁，而这种技术只需要有方向概念即可完成，并不需要坐标概念，实际上几年前就已经能够实现了。更重要的是，有关机构的专

家也指出，Takee（钛客）手机是采用裸眼 3D 显示技术跟踪、获取使用者眼睛的位置，再改变其双目视差的排列，导致其双眼分别看到不同的视差图像，以此实现所谓的全息效果。所以，关于"全息手机"的宣传并不完全符合事实。虽然亿思达很快发表了一则"维权声明"，试图回击外界的质疑，但其产品订单、网站流量和供应商股票还是呈现出下滑趋势。

这就衍生出一个问题——作为普通的消费者在面对一款蕴含着所谓最新科技元素的智能手机时，究竟应该如何辨别商家宣传的真伪？

或许，这还需多方人士的共同努力。具体来说，行业部门应该着手建立一些专业的手机性能鉴别、测试机构。同时，还应对手机厂商提出明确规定，要求其必须将新产品拿到该机构进行评测，只有确认商家宣传的商品功能属实，方能准许其对外发布。这样，一旦产品名不副实，商家便很难找到虚假炒作的机会。另外，手机厂商也要提升自身的自律性，切勿急功近利，而是应该本着对品牌、对市场、对消费者负责的态度，在不断加大研发投入的基础上，保持足够的耐心，以求凭借商品的硬实力抢占市场。不仅如此，消费者还需要变得更加冷静，不要过早购买新产品，而是应等到商品信息越来越详尽，对其优劣了解足够透彻后，再决定是否掏出钱包，从而避免不必要的损失。凡此种种，或能让手机炒作、消费回归合理化的范畴。

未来，势必还会有更多新型科技手机进入消费市场，能分辨真伪、能分辨优劣，我们才能更多地感受到科技带来的乐趣。

2014 年 10 月 14 日

如何加速新能源车推广

近年来，随着人民生活水平的不断提高，我国家庭轿车的拥有量逐年增加。在给人们出行带来极大便利的同时，许多城市交通开始拥堵不堪。更为严重的是，这些车辆还带来了大量尾气，使得空气污染加剧，严重危害着城市的环境和人们的身体健康。作为国家加大环保力度的主要手段，新能源车迎合时代需要，渐渐迈向汽车销售市场的前沿。

前不久，财政部、科技部、工信部、发改委联合下发《关于继续开展新能源汽车推广应用工作的通知》，志在进一步推动新能源车的发展。

据了解，有关部门早在 2009 年就已经开展了推广新能源车的试点补贴工作，但收效并不令人满意。据不完全统计，2012 年全国仅售出新车 12791 辆，占当年全部汽车销售量的 0.7%，2013 年上半年的销量则下滑至 5889 辆。这其中，最主要的原因便是试点覆盖面过于松散。2011 年年底，参与示范新能源车的城市已多达 25 个，致使产品在前期推广时汇集的反馈信息比较杂乱，进而给人一种新车尚不够成熟的初印象，直接影响了市场销量。同时，之前的补贴政策太过倾向于购车本身，缺乏对于建设基础设施的重视，导致部分地区的充电设备不足，难以满足新车的使用条件，也在一定程度上加大了试点工作的难度。另外，此前地方政府更注重保护当地企业，不利于外地优秀企业的市场渗透，这同样是制约新能源车推广的因素之一。

鉴于此，此次推行的补贴新政将重点在京津冀、长三角、珠三角这些细颗粒物治理任务较重的区域内选择积极性较高的特大城市或城市群实施，且中央财政给予示范城市的奖励资金将更多用于扩建基础设施。更重要的是，新政要求在所有被推广的新能源车中，外地品牌不得低于 30%，有关部门不得对购买外地品牌车辆设置或变相设置障碍。这说明，新一期试点工作的针对性将变得更强，目标也将更加明确。

然而，想要顺利完成《节能与新能源汽车产业发展规划》提出的"到 2015 年新能源车累计销量达到 50 万辆，到 2020 累计销量突破 500 万辆"预期目标，推广工作面临的难度仍旧不小。此前售出的新车之中，大部分都被用于公交、环卫、邮政、机关单位等公共领域，本应占据更多市场份额的私家车则是销量惨淡。尽管补贴新政推行后，新能源车的价格优势将被凸显，从而大幅提升其市场竞争力，但对于消费者而言，新产品的安全系数与实用性都会成为其购买与否的重要元素。也就是说，在新车尚未真正为人们所熟知并全面认可的前提下，仅仅依靠价格优势是否就能激发出消费者的购买力，目前还是个未知数。此外，随着国内居民经济条件的改善，当下很多家庭都已经购买了私用车，且使用时间不长，更换的欲望自然就不够强烈，这也是新能源车销售需要应对的考验之一。

正因如此，商家必须设法提升私家车的销售量。具体来说，企业应该在持续增加研发投入，确保新车安全、实用的基础上，最大限度地借助补贴新政推行的契机加大宣传力度，使更多消费者了解新能源车的特点和优势，进而激发其购车的兴趣。另外，对于那些使用年限较长的车辆，企业可以尝试提供折价换新，即回收旧车后，消费者能够通过支付比售价更低的金额购买新能源车，以此鼓励人们转购这种新产品。同时，有关部门还应适当降低在车辆限购城市购买新能源车的条件。例如，可以从每个月提供给新增普通汽车的车牌号中拿出一部分，专门用于购买新车的人们进行摇号，以求引导消费者将目光投向新产品。或许能通过这些举措更好地刺激新车的销售市场。

18 世纪 60 年代至 19 世纪 70 年代，交通能源动力系统先后经历过"以蒸汽机技术为主要标志"与"以石油和内燃机为主"——两次重大变革。这不仅为人类的生产和生活带来了极大改变，更是令先导国或地区的经济得到快速发展。因此，人们更有必要仔细思考如何加速国内新能源车的推广，使之驶向历史舞台的中心。

2013 年 10 月 17 日

4G 才刚上路，能"行"便要珍惜

工信部发放 4G 牌照已过去 100 多天，三大运营商——中国移动、中国联通、中国电信——相继开启 4G 服务，而铺天盖地的广告也渐渐通过手机、网页、广告框架等方式进入人们视野。近日，广东移动与中国联通更是先后推出百元以内的入门套餐，从而正式吹响了"4G 价格战"的号角。

特别是在北上广等国内一线大都市，4G 已经成为一种时尚潮流。属于它的时代正在到来。

4G 究竟为何物？一些业内专家认为，它在技术层面可以被看作是凭借新型技术提升频谱的利用率，改善互联网应用的环境与体系；抽象地说，它既是一种新的生态，也是无限的可能。仅就中国来说，4G 的到来也能创造诸多便利。往小了说，它可以使人们看视频、玩游戏都变得更加快捷，且有望在移动终端、自动化能力、可穿戴设备等方面得到发展；往大了说，它可以助力新一轮技术革命与中国经济结构转型形成交会，进而在推动国内经济的发展和社会的开放、公平等方面起到重要作用。因此，互联网步入4G时代已是大势所趋。

然而，目前这些都还仅仅停留在对于4G发展得比较成熟、稳定后的设想层面。现实则是，它才刚刚起步，而万事每每开头难。

国内开通4G服务后，最先面临的问题便是资费过高。率先试水的中国移动推出的全国统一套餐最低曾一度达到128元/月；在北京、广州两地，用户的流量超出套餐限定值将按0.3元/MB进行收费，这也让许多用户不敢企及。为此，中国移动、中国联通纷纷尝试下调资费，价格最低的套餐已降至58元/月，且实行流量与消费双封顶措施，以求减轻用户负担，即每个用户每个月的流量达到15G或消费分别达到500元(移动)和600元(联通)，运营商则不再继续对其计费。

但是，此举又暴露出了新问题。由于时下中国的频率非常紧张，属于"稀缺资源"，导致国内的运营商暂时无法像美国、英国等发达国家那般释放优质频段来发展4G网络，这就使其信号的覆盖面及稳定性均不甚理想。不少用户就对此大倒苦水，表示很多重要来电因网络不佳而时常被漏接，时而接通也必须走到阳台或出门方可保持信号稳定，否则就会随时掉线。至于流畅快捷地浏览网络，似乎更不用多说了。在这种情况下，4G无疑难有用武之地。同时，国内手机用户的人均每月消费通常在100元左右，500元和600元的封顶线实际意义也非常有限，有些用户就直接抛出质疑，这样的保护是否"太迟了"？此外，当前运营商还是将主要精力集中在广告宣传、打"价格战"方面，缺少关于4G系统安全建设与用户信息保护的投入，一旦未来出现安全隐患，亦将成为急切之间不易攻克的难题。

所以，与其绞尽脑汁地让人人熟知并认可 4G，行业人士莫不如思考怎样使它能更好地为大众所用。

就眼下来看，有关部门应设法加快推进协调的进程，妥善处理各方面的利益关系，快速有序地推动 4G 建站，改善网络的覆盖面与信号的稳定性。这样，4G 才能被用户正常地使用。不仅如此，运营商还需尝试开发一些专属于 4G 环境下的网络应用软件，以求加大用户使用 4G 网络的兴趣。另外，运营商还应进一步表现出诚意，设法完善其收费标准，使它在套餐内外的价格及封顶的上限等方面都能达到令绝大多数用户接受的范围。最重要的是，行业部门需要加大 4G 网络的信息安全保护力度，尽快研发专用于 4G 的防火墙、杀毒软件等配套防护组件，帮助用户解决后顾之忧。凡此种种，或能让更多人在未来的某一天心甘情愿地去"尝鲜"。

4G 网络虽正在走来，却才刚上路，但只要它能"行"，我们便应该珍惜。毕竟，科技的发展对应的是时代的进步。正因如此，4G 必须来，并且必须开启属于它的时代。

2014 年 4 月 17 日

4K 电视尚需培育消费市场

前段时间，借助四年一次的足坛盛会——世界杯这一契机，各大电视商家纷纷打出最新王牌，即 4K 电视。

据了解，4K 电视指的是屏幕的物理分辨率能够达到 3840×2160，即九倍于高清电视、四倍于全高清电视，同时可以接收、解码、显示相应分辨率视频信号的超高清电视。2014 年一季度以来，包括索尼、三星、创维在内的 11 家来自国内外不同地区的商家相继推出了 4K 电视；一些国内大型家电卖场也纷纷将最佳展示位置让给了这些"新成员"。不同品牌、不同型号的 4K 电视更是多达 200 余款，价格则从 3000~200000 元不等。此外，国际足联（FIFA）也适时地在巴西世界杯的一场八分之一决赛、一场半决赛和决赛中，分别采用了 4K 转播技术，助力这种新型电视

我们生活的这个时代

的全面推广。

推广力度不断加大、市场日益红火，也使得行业机构信心十足。他们甚至预言，2014年国内4K电视销售量有望突破1000万台。然而，最近相关机构进行的一次市场抽样调查表明，当前只有7%的消费者愿意因4K到来而主动更换电视；而愿意在更换电视时，考虑尝试购买4K产品的消费者也仅仅占26%；从未听说过4K电视，尚未弄清其为何物的消费者达到12%。这说明，4K的市场前景远非想象中那般乐观。

之所以造成这一尴尬的现状，原因可谓多方面。这其中，最主要的问题便在于资源太过有限。时下，全球范围内还没有一个4K专用电视频道，只有索尼计划在2014年拍摄100部4K电影。国内方面，也仅仅是优朋普乐计划联合电视厂商拍摄或从海外市场引进200部4K影片。即便是致力于将视频全部"4K"化的乐视，其4K板块也只有极少的几部视频资源。同时，4K电视对于宽带网的要求非常高，一般带宽需要达到80M方能顺畅放映，而现今国内居民家中的宽带网普遍为4M~10M，根本无法达到使用4K的标准。另外，由于各大商家在2010年世界杯期间齐推3D电视后，市场火爆的局面没能延续太久，使得一些商家对于这类"一窝蜂"式的推广不再感冒。更值得关注的是，有些销售4K的商家为了拉低价格、刺激消费，索性将电视组件更换为低端产品，甚至撤销了一些4K组件，以求降低成本。这就导致市场上出现了很多"伪4K电视"。这些都让尚未充分了解4K概念的消费者望而却步。

"现在来买4K电视的消费者基本上可以分为两类：一种是自己没有主见，经店员推荐就买了；另一种属于'土豪'，哪一种贵、哪一种屏幕大，他们就会买哪一种。"某销售人员这样说道。那么，作为电视技术的又一次重大革新，4K电视究竟该怎样培育带有延续性的消费市场呢？

当务之急，其一，行业人士及相关领域的从业者必须尽快设法加快开发 4K 资源的进度。例如，影视公司、演艺公司、电视台都应该有意识地引入 4K 技术并将一些影视剧、综艺节目、晚会"4K"化；各大视频网站也要及时跟进，推行 4K 专区，通过网络培养人们使用 4K 的意识。其二，国内网络运营商也要尽快对家用宽带网进行升级拓展，使之能够符合 4K 电视的运行标准，解决用户的后顾之忧。另外，相关部门应加大监管力度：一方面，明确要求商家不得打着 4K 电视的旗号销售偷工减料的低端产品；另一方面，要实时进行市场检查，一经发现以次充好的"伪 4K 电视"，则应对商家予以处罚。不仅如此，媒体也要更好地起到宣传、普及的作用，更全面、更详细地向消费者介绍 4K 产品的功能、属性及特征，帮助消费者对这一新型电视进行定义。这样，或能使 4K 的市场生命力得到延续。

2010 年，3D 电视因借助世界杯的影响力而华丽登陆家电市场却最终早早淡出人们关注的视野；2014 年，4K 电视该如何避免在相同的营销策略下重蹈覆辙，值得人们深思。

2014 年 7 月 31 日

我们生活的这个时代

汽车市场仍有待挖掘潜力

作为高科技时代最为常用的交通工具之一，汽车几乎已经成为大家日常工作、生活中不可或缺的组成部分。不论上下班或外出活动，不论挤公交、打车或开私家车：搭乘汽车出行都是人们首选的方式。在这种前提下，汽车行业的各种动态也一直都是消费者关注和热议的焦点。

前不久，有关部门发布的一组数据表明，自 2014 年 9 月以来，国内汽车产销增速双双下滑，这也立刻引起不少人的重视。

据相关数据显示，2014 年前 9 个月，我国汽车产量达到 1722.59 万辆，较 2013 年同期增长 8.1%；销量则达到 1700.09 万辆，较 2013 年同期增长 7%。但是，增幅却分别比去年同期减缓 4.7% 与 5.7%。另外，2014 年 9 月，我国汽车产量达到 200.7 万辆，销量达到 198.36 万辆，同比分别增长 4.18% 及 2.47%（销量增速为今年最低值）。其中，商务用车在该月的产销量分别只有 28.27 万辆和 28.76 万辆，同比分别下降 19.29% 与 16.01%。这也是造成汽车行业总体产销量增速下滑的最重要原因。同时，相关部门数据表明，虽然汽车行业仍在正常区间内稳定运行，但产销量增速放缓、库存压力进一步加大等问题，还是导致其三季度的行业景气指数较二季度稳中有降。

那么，需求量如此之大的汽车行业为何会出现产销量呈回落趋势呢？主要原因在于销量减少，因为销量不大，商家自然就会降低产量，而销量的减少则是由多种不同因素造成。

当前国内正处于三期叠加的特殊阶段，经济增速放缓且下行压力较大。在这种前提下，市场上的各档消费品都或多或少受到了一些影响。对于大多数人来说，汽车仍旧属于高档商品，受大环境的影响，其销售难度也就较其他中低档产品更大。此外，自推行公务用车改革以来，政府部门及各大企事业单位都对公务用车进行裁减，需求量比以往降低不少，这也从一定程度上减少了汽车的销售量。不仅如此，汽车在维修、保养等方面的费用过高，每次检测或更换零部件都会耗去车主大把费用。特别是对那些经济条件并不十分优越的私家车主而言，确实存有"即便买得起，也未必能养得起"的担忧，这使他们之中的很多人仍处在观望阶段，进而影响了

我们生活的这个时代

汽车销量。更重要的是，由于汽车价格普遍不低，其主要购买力仍集中在国内大中型城市和经济较为发达的地区，但受交通环境限制，京沪广这样的一线城市已先后对私家车实行限购条例，致使不少消费者就算想买车，也必须先去排队摇号，可谓有心无力，这同样是造成汽车销量减少的原因之一。

有些业内专家认为，如今中国距离发达国家每 1000 人之中就有 400 辆车的状态还有相当大的距离，国内汽车市场仍有很多有待开发的潜力。正因如此，相关部门和从业者应尽快予以思考，究竟如何使汽车行业迈向理想、稳定的发展道路。

作为汽车制造商必须尽快明确自己的产品定位，有意识地降低对于需求量变小的公务用车与商务用车的投入，转而将更多精力用于拥有较大购买潜力的私家车的功能研发、生产制造等方面，通过合理的战略调整来提升其市场占有率。另外，有关部门也应设法对汽车维修、保养、零部件换新等价格给予合理的引导，最大限度地为私家车主减轻购车后的经济负担。最重要的是，政府部门需要进一步贯彻中央"以人为核心的城镇化"的指导思想，有意识地引导人们向中小城市转移，并且加快城镇化改革的步伐，以求尽可能地在缓解一线城市于人口、交通等方面的压力的同时，提高中小型城市消费者的购买力与私家车的需求量。这些举措或许能真正降低汽车销售的难度，从而使汽车行业得到更好地发展。

2014 年，开发汽车市场的潜力，从业者该上路了。

2014 年 11 月 4 日

"双节"将至，如何争取良性收益

2013 年的中秋节即将到来，国庆黄金周也日益临近。与之前双节期间商场、超市堆积各类天价节令食品，多家高档餐饮店和娱乐场所纷纷被抢先预订不同，今年市场上出售的月饼多为廉价散装款式，而诸如小南国、湘鄂情等大型消费场所也普遍遇冷。之所以出现这一现象，主要还是因各大机关与事业单位积极贯彻日前中纪委关于进一步纠正"四风"，坚决刹住中秋节、国庆节公款送月饼送节礼、公款吃喝等不正之风的要求所致。

但是，这并没有让商家打消通过双节牟利的念头。当下通过各电视、报纸、公交车站宣传所见，各类阳澄湖大闸蟹、海参礼盒等高档礼品的广告仍旧层出不穷，而一些会所、公馆和茶室更是大行其道。

商家表示，在 2013 年的销售对象中，约 80% 销售额均来自企业，而机关和事业单位的顾客寥寥无几。因此，店铺的销售策略也有所调整，企业团购为员工发福利将成为主要卖点。但事实上，他们一直在积极争取更多消费者。例如，很多商家都将月饼、大闸蟹、茶叶等多种产品汇集于一张礼品卡，供不同需求的顾客进行选购。同时，他们还特别推出了无面值礼品卡。这些礼券上不会印刷具体金额，却依旧能通过印有规格、重量等产品信息变相反映出其面值。更有不少店铺还打出了保密配送的促销牌，承诺可以送货上门，并且要求快递员签署保密协议。"开票走账抬头这些都可以再商量具体怎样操作，我们公司注册的是商贸公司，走账时查不出这笔钱是用于送礼的。"某大闸蟹专卖店的销售员这样说道。

相比之下，不少餐饮、娱乐等消费场所则更加注重保护客户隐私。此前就有报道称，很多会所、公馆、茶室的场地都建在公园之中，这样不仅环境舒适，而且更加隐蔽。另外，他们还专门为顾客开设特殊通道，使其无须经由公园大门出入，甚至还会为其提供遮挡车牌等"特别服务"。所以，自党中央八项规定实施以来，这类消费场所的生意反而变得更好。"限制三公消费后，受影响最大的是一些对外的高端餐饮企业，因为他们场地不够隐蔽。"某茶室老板表示。这说明，面对现今市场大环境的改变，商家在销售策略和方式上做出了很多调整，也着实取得了一定成效。然而，经营者的改变也在很大程度上起到了助推送礼风、变相鼓励公款消费的负面影响，从而间接助长了社会不良风气。因此，这种促销手段并不值得我们认同和效仿。

事实上，想要真正使企业收益稳定，营业额持续增长，商家就必须做到顺应并契合社会大环境的变化。具体来说，除了老生常谈的削减产品成本、降低销售价格，尽可能走大众路线外，经营者更需设法凸显其商品特色。例如，某些店铺可以专营各类水果，却并非仅限于水果本身，同时还可开发类似苹果干、橘子牛奶、葡萄饼等周边产品，并且不时推陈出新，建立丰富的商品资源和独特的品牌文化；一些餐饮店也应多在招牌菜上下功夫，究竟是以面食为主，还是凭借个别菜系立足，抑或依靠汤食闻名都好，总之要打造鲜明的风格，给人与众不同的感觉。凡此种种，或能使国内消费市场得到良性发展，从根本上杜绝送礼风和奢侈浪费等不良风气变相再现。

双节将至，每个商家都应该认真思考——如何求变才能争取良性收益？

2013 年 9 月 10 日

我们生活的这个时代

数码时代来临，老牌照相馆更需华丽转身

　　随着社会不断发展、科技不断进步，以及居民生活水平不断提升，人们对于各种新兴事物的热衷程度也在直线走高。其中，数码相机、数码摄像机等高科技产品尤为受人青睐。对大多数人而言，随时随地留下自己与亲友日常生活中难忘的影像资料——这一之前看似遥远的愿望，如今几乎变成了再平常不过的事儿。

　　与之相比，二三十年前红遍大江南北的老牌照相馆却正在面临数码产品带来的冲击，渐渐淡出人们的视野。

　　旧时照相馆之所以经常出现宾客络绎不绝的火爆场面，主要原因便是摄影在人们心目中占有十分重要的位置。不论是为一个家庭拍摄全家福，还是为孩子拍摄艺术照，抑或为职业人拍摄职业证件，照相馆都是为保存顾客最为重

要且最为难忘的瞬间而存在。但是，如今随着数码产品飞速普及，人们通过手机、平板电脑、数码相机等设备不仅可以自行拍照，还能轻松进行视频录制。更重要的是，这些新型摄影器材可以为用户提供大量存储、自主编辑、刻录光盘等一系列便捷服务。因此，越来越多的人自然就不愿再为拍摄几张照片而刻意去一趟照相馆了。

事实上，摄影不仅是一项专业技能，更是一门艺术。普通摄影爱好者虽然能凭借高科技产品拍摄大量影像资料，但与专业摄影师的作品相比，不论艺术效果还是保存价值均相去甚远。以全家福这样具有重要意义的照片为例，一个背景、一个角度、一个表情都会影响其成像之后的质量。所以，一般用户随意拍摄的照片往往很难同经由专业人士对细节逐一进行处理后的作品相提并论。这样，尽管这张全家福成本较低，却没能真正起到"记录并保存最美好回忆"的作用。然而，很多人在摄影条件逐渐走低后，自身对于影像质量的要求也随之走低，误认为拍摄了一张照片或一段视频，一个重要的瞬间就算是成功保存了，甚至是寄希望于用数量来代替质量——即通过大量照片或大段视频记录一时一刻的景物人。这样不只是冷落了原本具有重要意义的照相馆及摄影市场，还会直接影响个人"回忆"的效果。

正因如此，时下数码摄影器材备受青睐，实际上折射出的是人们对于摄影的认知与定位出现了偏差，以致摄影艺术在其心目中的地位大幅下降。想要从根本上改变这种现状，普通用户和摄影行业从业者都需要改变现有观念。

具体来说，摄影爱好者应该更加正确地认识到专业摄影的价值，将普通自拍和保存重要影像资料加以区分，用数码产品自娱自乐，意义特殊的照片或录像则请专业摄影师来拍摄，以求最大化保证作品质量。另外，行业人士也要迎合时代需要，在原有基础上进行业务拓展。例如，目前国内个别城市新近推出的顾客自主拍摄、遥控操作、配合任意不同道具制作各类主题照片的街头自拍馆，以及凭借 3D 扫描仪为顾客拍摄立体影像的 3D 照相馆就颇受好评，值得进一步予以借鉴并推广。同时，照相馆还可以尝试定期举办专业摄影知识讲座。这样不仅能够赢取高额利润，还能让更多喜爱摄影的人了解这门艺术的重要性，进而从正面宣传其独到之处。不仅如此，照相馆还应设法提供更便捷的服务。例如，在各大旅游景区和重要公共场所设立站点，随时为有需求的人们提供拍摄服务。还有就是尝试开设上门服务板块，解决顾客不愿或不便为留一组影像资料而奔波至照相馆的顾虑。凡此种种，或能重新使日渐冷落的摄影市场走向舞台中央。

步入数码时代的今天，老牌照相馆更加需要一次华丽的转身。

2013 年 11 月 20 日

"底特律现象"告诉我们什么

　　这里是美国密歇根州最大的城市；这里曾因兴建过大批镀金时代建筑而一度享有"美国巴黎"的美誉；这里被称为世界传统汽车中心和音乐之都；这里的四支体育团队分别在美国四大职业联盟占有一席之地：这里就是"汽车城"——底特律。如今，有着辉煌过去的它正在渐渐走向衰落。

　　近日，英国广播公司报道称，美国联邦法官史蒂文·洛兹裁定底特律应该获得破产保护，就此成为美国历史上最大一宗公共破产案。

　　事实上，底特律市政府早在四个月之前就已经递交了破产保护申请，但此举意味着该城市未来将采取诸如裁减公务员、削减公共支出、增加赋税等一系列紧缩政策，这无疑将给市民带来极大不便，特别是市政雇员很可能于退休金等方面蒙受较大损失。所以，以当地退役消防员、警察为代表的已退休员工及其所属工会始终都在要求法院拒绝这座老工业城市的破产保护申请。不过，目前底特律市总人口已由60年前的180万人减少至约70万人；包括学校、工厂与车站在内的闲置建筑多达15万座；政府共计有超过10万名债主，公共负债达到180亿美元。

联邦法官洛兹认定，底特律宣告破产已是势在必行，无法回头。问题是，这样一座世界知名大都市究竟因何沦落至此呢？

早在20世纪50年代至60年代，作为美国工业汽车的发源地及大本营的底特律曾在市场竞争中占有绝对统治地位。通用、福特、克莱斯勒三大巨头相继崛起，更是迅速让这里变为全美最繁华的都市之一。然而，随着欧洲与日韩汽车行业日渐兴起，以及在金融危机期间遭遇重创，三大车企近几年已难有作为，不仅业绩呈下滑趋势，大量裁员也成为常态，这就使得"汽车城"的失业率持续走高。无奈之下，很多公司或个人都被迫选择搬迁至其他都市工作和生活，而人口大量流失则直接导致底特律的城市空心化、房地产业陷入瘫痪、税收萎缩明显，甚至是诱发很多盗窃、抢劫、枪杀等恶性刑事案件，以致严重影响了其自身形象与吸引力。加之底特律的部分官员管理不善，多次被曝出存有贪腐行为，也在一定程度上加速了"汽车城"迈向沉沦的步伐。

因此，底特律的破产根本原因在于过分依赖汽车行业，导致城市产业愈发单一化，进而造成其在发展过程中出现了一系列问题。那么，"汽车城"的衰败又能给我们怎样的启示，国内城市又该如何予以借鉴呢？

事实上，"底特律现象"很好地说明人口数量是一座城市繁荣与否的关键因素，而城市吸引力则是决定其能够拥有多少人口的第一要素。所谓吸引力，其实指的就是人们在这里工作、生活可以获取的空间。比方说，在京沪广这样的一线都市中，不仅人口趋于饱和，优秀人才更是遍布各个行业，这是因为来自国内外诸多不同领域的企业汇集于此，人们能够争取到最好的发展前景与生活条件。知名企业与优质人才持续进驻，自然不断地促进都市商业的繁荣，其吸引力也就越来越大，最终形成良性循环。相比之下，很多国内中小型城市时下就缺少这种吸引力，致使本地劳动力向大都市流动的现象十分普遍。这样，不仅会使小城市人才变得稀缺，甚至还会阻碍城市经济发展的进程。

正因如此，远望着底特律今天的我们有必要予以思考的是地方政府该怎样合理地控制债务规模；老工业城市该怎样调整产业结构，实现多元化发展；国内二、三线城市，乃至乡镇又该怎样吸引更多有竞争力的企业产生兴趣并进行投资，从而在吸引更多人才的同时，觅得更多商业拓展的契机。

2013 年 12 月 11 日

我们生活的这个时代

"冰桶"火热意味着什么

随着互联网技术不断普及，全球网络用户持续增加，很多由民众自发、用于个人或小范围娱乐、具有独特风格的活动得以渐渐通过互联网被推广至全国乃至世界各地，最终发展成为全球性的多人线上互动。这种借助网络分享、宣传民间娱乐活动的方式不仅丰富了人们的业余生活，更是为人们建立了相互沟通的平台。

如今，一项由美国民间发起的多人互动——ALS 冰桶挑战赛（ALS IceBucket Challenge）——正在力争使这类娱乐活动起到新的作用——推动公益发展。

据了解，ALS 冰桶挑战赛要求参与者在网上发布一段自己用满桶冰水从头顶浇遍全身的视频，之后点到三位好友的名字，请他们进行选择：在 24 小时之内同样上传一段参与该挑战的视频；向 ALS 公益协会捐献 100 美元，用于抗击和治疗"肌肉萎缩性侧索硬化症（渐冻人疾病）"；二者都做。这就说明该活动有意识地引导人们在捐款的同时参与挑战，以达到不断推广、互动，并且使更多人了解渐冻人疾病、帮助渐冻人患者的最终目的。目前，诸如比尔·盖茨、谢尔盖·布林、蒂姆·库克等美国科技巨头，以及勒布朗·詹姆斯、格温·斯蒂芬妮、赛琳娜·戈麦斯等美国文体明星都相继参加了该挑战；推广至中国后，李彦宏、任志强、刘德华、姚明等各界知名人士也先后完成了挑战。

　　然而，冰桶挑战的迅速火爆不仅引起了越来越多的关注，也引发了越来越多的人的思考和热议，那就是慈善募捐可谓屡见不鲜，为何单单这次能够让如此之多的知名人士参与其中呢？

　　其实，人们不难发现冰桶挑战赛之所以极具吸引力，最直接的原因是便捷。过去很多慈善募捐活动都是以晚会或马拉松的形式举办，不仅会耗费参与者的大量时间，甚至还会让大家身心俱疲。与之相比，冰桶挑战随时随地就能参加，几分钟便能完成，过程非常简单、快捷，且对参与者的身体损耗也不大，这无疑更加适合那些工作繁忙、社交活动频繁的知名人士。此外，对比晚会和马拉松，冰桶挑战具有更强的延续性。只要不断有参与者点名要求其他人参加，活动就会一直持续并逐渐扩大规模。因此，名人率先参与能够让该挑战得到最大限度地宣传和推广，进而带动更多人加入互动。所有这些都在很大程度上使知名人士参与挑战具备了可行性，以及足够有说服力的理由。

　　当然，大家热衷于冰桶挑战，还有一个深层次的原因，那便是新颖。不可否认，在时下这样一个高效率、快节奏的信息化时代，人们不论在工作还是生活方面均面临着不小的压力。这也使得人们的生活愈发变得单调，甚至有些程式化。所以，很多人都希望某一天自己的生活中能出现一些"不一样的元素"，以求使其感受到些许放松，最好还能释放一些压力。在这种情况下，冰桶挑战自身具备的创新性、娱乐性、互动性及其最终目的所涵盖的正能量恰好能够满足人们于眼前一亮、开心一笑，与人分享之后还能带来积极向上的内心需求。这也是它获得成功的最主要原因。

换个角度说，冰桶挑战不仅是慈善募捐活动的一次创新，更是线上互动的一次突破。那么，我们又能从中得到什么启示呢？

实际上，冰桶挑战的互动方式并不十分新鲜。早在九年前，网络上就已经流传过类似的点名互动。既然如此，人们不妨继续开发一些其他线上点名形式的互动。例如，职场人士和学生可以尝试通过点名请同事、同学参与推荐一本书、唱一首歌、讲解一部电影、制作一道美食等互动，从而达到沟通、交流的目的；专业人士可以尝试通过点名请其他人参与某项游戏、问答来进行专业知识、生活常识等讲解，以达到知识普及的目的；商业人士则可以通过点名请用户参与分享其产品信息，以达到宣传、推广的目的。总之，通过线上互动带动人与人之间的交流，或能进一步改善人们的工作、学习效率与生活状态。

冰桶挑战一夜之间火遍了大江南北，它究竟意味着什么？是时候思考了。

2014 年 9 月 18 日

中小城市需提升自身硬件实力

　　近日，中央城镇化工作会在京如期召开，会议明确了各类城市的城镇化路径，全面放开建制镇与小城市落户限制，有序开放中等城市落户限制，合理确定大城市落户条件，严格控制特大城市人口规模。这其中，主要发展中小城市的同时，引导大城市的优质资源向中小城市转移的政策导向尤为令人关注。

　　相关负责人表示："这意味着中小城市将成为新型城镇化发展的重点和主导方向。"事实上，随着国内一线城市日渐繁荣并成功与国际接轨，很多国内外知名企业纷纷选择在这里落户，不仅使城市产业更加多元化，也从很大程度上促进了商业拓展。因此，这些一线城市不论在教育水平、医疗保障、物质生活，还是职业发展空间等各个方面均堪称国内翘楚，以致越来越多的优秀人才被吸引至此。但受此影响，一线城市的人口数量也日渐趋于饱和，从而引发了房价过高、交通拥堵、环境污染严重、就医难度太大、职场竞争过于激烈等一系列"城市病"现象。

相比之下，许多中小城市的优质资源十分有限，甚至是不断向一线城市流失。其中尤以基础设施落后、商业拓展迟缓、生活条件较低、职业发展空间过小等问题最为突出。这就导致中小城市的吸引力大打折扣，专业人才占有率远不及京沪广这样的国际化一线大都市，从而制约了大小城市之间的协同发展。所以，更好地贯彻中央城镇化工作会议着重强调的"以人为核心的城镇化"的指导思想，有意识地引导人们向中小城市转移，便可以有效缓解一线城市的压力，同时还可以加快国内城镇化改革的步伐，其必要性不言而喻。但是我们发现，在落户条件上做出调整更多时候起到的是辅助作用，想要真正使人们去往中小城市，政府部门及相关机构需尽快落实会议精神，既要坚持使市场在资源配置中起到决定性作用，又要发挥政府在创造制度环境、编制发展规划、建设基础设施、提供公共服务、加强社会治理等方面的职能。

具体来说，政府部门可以尝试对那些比较成功的企业给予一些在中小城市拓展和人才引进方面的优惠政策，鼓励他们到这些地区开拓市场，以求使其实现产业多元化。同时，地方政府还应在加强中小城市商业区建设并与国内外大型超市、餐饮店和娱乐场所寻求战略合作，邀请其在当地开设分店的基础上，有意识地打造线上销售平台且搭配成熟的物流服务，进而完善物品流通体系。另外，相关机构应最大限度地提升中小城市院校的师资力量，并且加大建设现代化的医院，以及优质条件的养老院、福利院等服务设施的力度，改善这些地区的社会保障服务水平。通过这些举措或能真正让人们对移居中小城市产生兴趣。

前不久，美国曾经最为繁华的都市——底特律正式宣布接受破产保护，而其走向衰落的根本原因就是产业单一化，导致城市人口锐减。这说明，一座城市的发展得益于其人口的量与质，而要让更多人寄居于此，其必须能够满足居民在学习、工作、生活等各方面的需求。正因如此，未来将要重点发展的国内中小城市是时候想办法提升自身的"硬件实力"了。

2013 年 12 月 18 日

春节将至，年货市场应该拼什么

不知不觉间，2014年春节已近在咫尺。作为同亲朋好友共度佳节的必要准备程序，办年货又一次成为很多人忙碌的"大事儿"，同时也是时下各路商家重点争夺的战略高地。前不久，中粮集团率领旗下诸多品牌来到北京地铁四号线，设立了一条由西直门至西单的"年味儿"专线。

其实，这只是一个开始。随着时间的推移，2014年的年货市场正在变得愈发火爆，商家之间的竞争更是趋于白热化。

据了解，为了吸引更多消费者，此役商家可谓绞尽脑汁。以中粮集团的"年味儿"专线为例，该活动不仅有福临门、蒙牛、五谷道场等知名食品品牌积极参与，还有大悦城和三亚瑞吉度假酒店这样的购物、休闲度假场所一同加入并推行一系列优惠措施，进而给顾客带来了过年不只是吃吃喝喝，还可以外出购物、娱乐、旅行——这一全新的消费观念。不仅如此，本次活动更是借助电商网站"我买网"实现双线联动促销，最大限度地为消费者提供便捷性服务。此外，活动凭借无比生动的影像宣传使得正在大都市忙碌奔波的人群回想起曾经那些张灯结彩、合家团圆的春节记忆，最终成功诠释了"年味儿从'心'出发"的活动主题，这种颇具创意的营销策略无疑令人眼前一亮。

然而，这些促销手段也有其各自的问题，如若仅仅是简单地生搬照抄，或许尚不足以让商家在这个冬天赚得盆满钵满。

事实上，当前这类年货促销活动的主要内容还是食品，而此类商品在春节这样一个特殊时间段的需求量也会变得更大。如果商家在选材、生产、保存等环节稍有不慎，便可能带来很多质量安全问题。另外，由于春节是举国欢庆、全家团聚的大型传统节日，商场、饭店、宾馆等休闲度假场所虽然大力促销，但若不能让顾客感受到"在家过年"的那种氛围，恐怕绝大多数人并不会乐意走出家门。与此同时，线上销售平台尽管异常便捷，却面临着节前交通不畅、物流繁忙、派送难度较大等问题。一旦不能及时送货，很可能导致商品变质，从而给买卖双方造成不必要的损失。特别是营销方式，若一味强调"年味儿"、"团聚"这类主题，难免给人落入俗套之感，效果或不甚理想。

正因如此，当中粮集团成功地开设"年味儿"专线后，其他商家便不应再试图照猫画虎，而是要设法为自己另辟蹊径。

举例来说，食品企业应该进一步加大质检力度，严格监管产品从配料到制作再到存储、运输等各个环节，尽可能确保商品质量无虞。特别是一些高档商品，还应简化包装，走平民路线，坚决贯彻中央关于反对"四风"的要求，以求薄利多销。同时，类似商场、饭店、宾馆等休闲娱乐场所则需在为消费者营造家庭氛围的基础上，尝试性推出一些类似有奖竞猜、趣味游戏这样能够使顾客之间进行互动的板块，使之感受到浓郁的"大家庭"气氛。此外，线上平台还要设法在中小城市及乡镇地区建立分站点，拓宽运输线路，尽量保证商品派送的时效性。最关键的是，营销者必须勇于创新，推行更多符合春节特色，却又各不相同的年货促销活动主题，使消费者可以从不同角度感悟春节、过年、办年货的意义。这样或许将真正使岁末年初的消费市场红火起来。

之前，不少业内人士纷纷表示，淘宝打造"双十一"网购狂潮，而中粮的"年味儿"专线势必将引爆"年货购物季"。那么，各路商家更要仔细思量一番——春节将至，自己在年货市场究竟该拼什么？

2014 年 1 月 16 日

又逢春运进行时

　　一年一度的春节长假近在眼前，肩负着帮助各高校学生及外来务工人员返乡重任的大型客运季——春运也渐渐开始步入新一轮高峰。前不久，相关部门负责人表示，尽管春运整体供求矛盾突出、任务十分艰巨，但我国运输部门和企业将会努力进行改善，尽量满足旅客的出行需求。

　　据了解，此次运输部门和企业应对"春运难"的措施主要集中在挖潜增能、合理错峰、加强协同、强化服务、严控票价五个方面。

　　这其中，为了缓解供不应求的现象，航运、铁路、公路会在春节前大幅增加航班、火车和客车的出行数量。同时，有关部门已经同各高校及外地员工相对集中的企业展开协调工作，使之尽可能错开放假时间，力求最大限度地避免

我们生活的这个时代

出现客流高峰。另外，航运、铁路、公路、水运之间将进一步加强协调并相互辅助，干线运输与城市公交则会加强对接，在机场和交通枢纽增添调度站，延长服务时间。不仅如此，春运工作部门和企业还会更加注重信息公开，让人们及时了解有关情况，并且针对天气变化、旅客滞留等突发情况制订切实有效的预案，以此提升服务质量。更重要的是，物价部门会加大监管力度，将票价严格限制在政府指导价规定的浮动范围内，一旦出现大幅抬价、未明码标价等违规情况则给予严惩。

然而，想要在短短几天之内完成覆盖全国各个角落共计数亿人次的"人口大挪移"，仅有应对措施尚不足够，而是还需针对这些措施配备辅助"补丁"。

事实上，增加航班的班次及火车、客车的车次无疑是在特殊时间段内缓解运输压力的最直接有效方式。但问题在于，运输行业非常强调专业性。特别是航运和铁路，一位驾驶员往往承担着数百人生命安全的重任。若加重他们的工作负担，一旦其过度疲劳，便会留下较大的安全隐患。此外，各大高校和用人单位合理错开放假时间确为有效措施，不过今年的春节长假法定假日是农历正月初一至正月初七，也就是说直至除夕都属于工作日，用人单位恐很难提前数日便给员工放假。况且，各高校本季度的课程与考试日程早在开学时就已经确定，想要更改也颇为不易。延长干线和公交车的服务时间能够使人们赶赴晚班运输工具出行更为便捷，但并不能帮助其避免因交通堵塞而误班的风险。此外，应急预案的实用性，以及关于票价监管的具体措施，也都需要进一步完善。

所以，在现有基础上继续对五大措施进行细化，将其不断改进和补充已是当务之急。那么，行业部门和相关从业者又该着重在哪些方面加以完善呢？

众所周知，旅客安全是春运的第一要素。若要在航运、铁路、公路同时增加运输量，企业就必须合理安排从业人员工作与休息的时间，而后者（尤其是驾驶员）也要更加自律，充分利用智能化操作系统与倒休时间进行调整，避免在疲劳状态下工作，进而杜绝安全隐患。此外，用人单位应给予偏远地区或运输高峰地区的员工更灵活的假期。例如，可以参考错峰上班或错峰休假，设定一个包括春节长假前后一周在内的放假范围，使之从其中任意选择一个连续 7 天休假周期，以求降低其返乡难度。各高校则可以先行放假，节后安排学生补课、补考。同时，交通部门还可尝试开设机场、火车站、客运站等专用通道，确保人们能准时出行。更重要的是，对于一些应急预案要第一时间对外公布并广泛征求意见，使其真正能够行之有效，解决在春运过程中可能出现的棘手问题。物价部门则不仅要严控票价，更要时时进行督察，并且尽量缩短群众举报违规现象后的调查时间，快速予以处理，保障旅客购票的基本条件。凡此种种，或能在一定程度上缓解"春运难"。又逢春运进行时，你准备好了吗？

2014 年 1 月 23 日

我们生活的这个时代

超市收益难道只能依赖进口货？

随着春节长假大幕的落下，国内许多节日消费也渐渐走过高峰期，各路商家自然少不了赚得盆满钵满。这其中，作为居民日常生活用品的最直接销售平台——超市无疑更有机会创造高收益。但值得注意的是，最近几年国内多家大型超市的毛利率均呈现出下降趋势，这就使得商家纷纷将目光投向进口货。

对此业内人士分析称，进口食品利润率一般要高于国产食品 5%~10%。如今大超市的利润率不够理想，这些进口货能够成为超市新的利润增长点。

不久前，沃尔玛对外宣称，将在未来逐步扩充进口商品的种类，数量也会不断增加。同时，超市将凭借直接进口，力求质优价廉。家乐福同样不甘示弱，在广州正式启动进口食品节活动，周期更是长达一个月。期间，超市提供的进口食品超过 4000 款，较去年增加 500 余种，订货量提升 50%。此外，其余大型超市的销售

重心也都不同程度地向进口货倾斜。这说明，进口商品在超市货架竞争中的优势地位将会变得越来越明显，对于国产商品的挤压也会愈发严重。

那么，究竟是何原因导致身为外来货的进口商品反客为主，它们又是怎样赢得了国内消费者的信任与青睐呢？

近些年国内消费市场曝出的产品质量安全问题可谓屡见不鲜。从乳制品、肉制品、饮料等食物到牙膏、洗发液、护肤品等生活用品，都曾被曝出过质检不合格或含有有害物质等负面新闻。于是，越来越多的人产生了一个相对偏激的消费观——国产商品一定不如进口货质量好。在这种前提下，他们宁愿多花一点钱，也要在同样类别的商品中选择购买进口货，只为图个安心。另外，由于不少进口商品的外包装设计更具创意、更有品位，商家希望能通过进一步扩大其占有率来提升超市档次。尤其是像沃尔玛、家乐福这些全球连锁店，无疑更想借助这一契机同众多国际知名销售品牌建立长期战略合作，从而延续其市场竞争力与影响力。因此，大量进口货进驻超市更是迎合了买卖双方的共同需求。

然而，一旦顾客将消费市场的核心地位授予进口商品，势必会给国产消费品牌的可持续发展带来很大阻力，而在一些资深的业内专家看来，从商家的角度说，盲目增加进口货的比重风险同样不小，未必就能稳赚不赔。

我们生活的这个时代

所谓风险，主要在于进口食品都有其特定的供应渠道，且均为定量配货，这就致使超市只能在自己系统内调配消化而不可能退货。问题是，食品都有各自的保质期，时间也并不长。但一些国家的关卡比较严格，货物入境并不顺利，从国外发货到超市上架往往会花费数月时间。若再出现商品滞销，损失则全部要由超市承担。"损耗率高达 20%~30%，有些门店一个月丢掉的进口食品货值甚至以数万元计算。"某业内人士这样说道。所以，"重外轻内"的消费观和经营策略虽能让市场上的买卖双方于短时间内一拍即合，却并非真正意义上的长久之计。

那么，消费者也好，商家也罢，抑或国产品牌销售商究竟该作出怎样的改变并重新将消费市场带回正轨呢？

就时下而言，消费者需先改变自身的消费误区，不应仅凭"进口"二字就认定产品的质量及安全性足够可靠，且进口商品不如国产商品性价比高，所以更要对国产商品给予公正的评判。同时，超市方面也要更加理性，在进口商品的高销售量与高损耗之间寻找最佳利润增长点，以求真正长效的良性收益。另外，国产品牌销售商则应树立危机意识，从自身做起，以诚信、严谨、创新的工作态度打造令人信服的优质产品，重新赢得消费者的信任，继而赢得更多在超市竞争的资本。这样或许能为国内消费市场带去积极元素。

从元旦到春节，2014 年的消费高峰接踵而至，但眼见一款款外来产品占据着货架，我们有必要予以思考——超市收益真的只能依赖进口货吗？

2014 年 2 月 13 日

公交系统票价不能一调了之

　　随着国内一线大城市发展水平越来越高，其人口总量也在不断增加,这就引发许多城市交通问题。尤其是北京市，大街小巷经常在上下班时段和节假日前后的运输客流高峰期呈现出拥堵不堪的状态，让人寸步难行。在此前提下，很多人将目光投向了地铁——这一不受路况影响的交通工具。

　　然而，近日有消息表明，北京市即将对地铁进行调价，这也很快引起了社会各界的广泛关注与热议。

　　据了解，北京市未来将要调价的范围或许不仅限于地铁，同时包括公交车在内，而多个部门在前期进行的调研工作也已经基本结束，预计将于四五月公布听证方案。另据相关人士透露，一旦调价将不只是针对高峰时段，还有按站数分段计价及按里程分段计价等多种方案。目前，有关部门正在从中挑选最合适的措施，或尝试将这些方案择优合并，具体措施最终将由发改委对外公布。

那么，为何继出租车调价之后，北京市要进一步调整城市公共交通领域的价格，此举又将带来哪些利弊呢？

根据调查显示，2013 年，工作日北京地铁日客运量超过 1000 万人次，高峰时段满载率达到 144%，且增速高达 30%。相比之下，北京公交车在同期的日客运量仅为 1300 万人次，较其能够承载的客运量少了 400 万人次。因此，调整地铁和公交车的票价有助于引导人们均衡地选择交通工具，进而建立更合理的公共交通出行结构。另外，北京地铁实施 2 元通票以来，财政部门每年都要为此付出高额补贴。例如，2012 年北京市公共财政支出为 2849.9 亿元，其中 78% 用于民生方面，而同年的公交财政补贴高达 175 亿元，约占民生总支出的 7.9%，甚至超过了医疗卫生所占的比例。所以，公交系统调价能够在很大程度上减轻财政负担。同时，由于北京地铁在 2012 年新近开通 4 条新线，轨道总里程突破 450 公里，这使其面临的安全隐患日益严重。据统计，2013 年 1~9 月，北京地铁共计出现 13 次影响乘客出行的故障。因此，调整票价能够有效分解客流量，提升安全系数。

这说明，北京公交系统，特别是北京地铁确有必要进行调价。然而，调整票价绝非易事。此前相关人士曾指出，调价会依据国际惯例——出行成本低于个人收入的 10%。以 2013 年第一季度北京市人均月收入约 5400 元为例，低于 10% 便意味着每人每月乘坐地铁的总花费不能高于 540 元。按照一般情况计算，每人每天出行一次，乘坐两次地铁，每个月 30 天，地铁单程票价最高约为 9 元，达到之前 2 元通票的 450%。所以，很多人都表示不能接受幅度过大的调价，认为这样一来就和交纳油费差不多，还不如开车出行，这或将导致城市路况进一步恶化。

正因如此，公交系统调价方案的细节仍需进一步完善，这样方能使之在得到居民普遍认可并接受的基础上，切实有效地缓解城市交通工具承载量不合理的现象。

举例来说，行业部门可以尝试让乘客在类似一年、半年或一个季度这样的时间周期内选择一条自己最常用的地铁出行线路，之后为其办理该指定线路的通票，票价调整幅度相对小一些，但期间乘客若选择其他线路出行，票价则较原有提升幅度有所加大。这样，便能有意识地引导人们更合理地乘坐地铁。此外，行业部门还应该于诸如市郊至市中心、商业区至办公区等路程较远或使用率却非常高的线路增加公交车班次，甚至还可以尝试在早晚高峰期开辟公交车专线，提价程度则应小于地铁的调整幅度，从而在提升公交车承载量的同时，降低乘客出行的成本。如此，或能令调价起到一定积极作用。

就当前来说，北京市公交系统调价的具体方案还存有很多不确定因素，其更应该被看作"将来时"。

2014 年 2 月 20 日

我们生活的这个时代

地铁调价应注重合理性

随着国内一线城市的常住人口越来越多，以及私家车日益普及，大都市交通拥堵早已不再是新鲜事，而过度不便的出行环境也使得人们不断将目光投向公交车、地铁等公共交通工具。这就直接导致一线城市的公交系统面临的压力日益加重。尤其是在每个工作日的上下班高峰期，居高不下的客流量已令公交、地铁不堪重负。在这种情况下，地铁调价的设想呼之欲出。

近日，由北京市发起的"我为公共交通价格改革建言献策"活动正式落下帷幕。期间，北京市发改委官网刊载来自市民的建议共计 6000 余条，人们对于地铁调价的关注度及参与热情可见一斑。

但是我们不禁要问，人们主要关心的问题是地铁票价究竟是改为计程制，还是仍然沿用单一票制？如果改为计程制票价，应该为递远递增，还是递远递减？同时，还有不少人较为关注行业部门是否会就上下班高峰期造成客流量过大的现象推行错峰票价、周期通票等针对性措施。若推行周期通票，又将以何种方式运营？另外，地铁票价调整后，是否还会保留公交系统对老年人、学生、残障人士提供的普惠政策？从业者的服务质量将怎样予以改善？这些问题也都引起很多人的重视。

从发改委官网刊载的建议观察，人们争论的焦点主要是集中在票价调整后的运营方式上。其中，仍旧沿用单一票制并对票价进行小幅度上调代表着一部分市民的观点。在他们看来，推行计程制意味着地铁票务系统也要随之升级，这使得其成本过高。况且，地铁主要的服务对象是远途乘客，计程制会导致其付出更多成本，进而加大其出行压力。但同时，也有一部分人认为，计程制票价更具合理性，能够更精确地收取与乘客行程相对应的费用，从而最大限度地提升公共交通的经济收益。另有一些建言者则表示，计程制不一定非要采取递远递增的运行方式，而是可以改为递远递减的模式。这样一来，便能有意识地引导短途乘客改乘公交车出行，这种模式也更符合国内一线城市现阶段的需要。

相比之下，人们对于是否推行错峰票价与周期性通票的设想基本持赞同态度，认为此举能够有意识地引导非上班族在上下班高峰期选择其他出行方式，进而最大化地为上班族腾出乘车的空间。不过，具体到如何推行周期性通票方面，人们还是各有见解。其中，一部分人认为，应该推出一种专用于早晚高峰期且乘坐达到一定站数以上的情况下可以优惠的通票，每个周期固定使用次数；另一部分人则表示，应该采用分档通票，根据乘客需要乘坐的站数不同，分别推出 A、B、C 等多档优惠的通票供乘客选用；还有一些人认为，应该推出固定线路优惠的通票，即只要乘客在甲乙两站之间往返便能享有优惠。此外，对于是否保留对特殊人群的普惠政策，以及如何改善公交行业的服务质量，建言者的开发相对比较一致，均赞同在地铁调价后，政府应给予老年人、学生和残疾人一定补贴，而行业部门也要设法通过杜绝车内乱发小广告、将有携带物品的乘客与空手的乘客分开进行安检等措施提升人们乘车的环境和效率。

那么，面对如此之多的热心市民给出的真诚建议，政府与相关部门又该如何从中进行考量并筛选呢？

事实上，政府及有关部门最需要明确的一点就是，地铁调价的核心目的是令公共交通在创造更大价值的同时给乘客提供更多实惠。从这个角度来说，推行错峰票价与周期性通票基本可以被看作势在必行；针对特殊人群给予适当补贴，并且改善行业服务质量，无疑也是政府及相关部门责无旁贷的工作内容。至于建言者之间分歧较大的"沿用单一票制还是推行计程制"、"采取递远递增还是递远递减"、"专用时间段通票还是分档通票，抑或专线通票"等问题，其实可以综合起来进行折中考量。比方说，行业部门可以尝试推出一种在以乘客乘坐中距离站数所需的花费为标准的基础上，予以优惠的通票。乘客使用该通票搭乘地铁的票价相对固定，就能变相起到采取递远递减，以引导短途乘客改用其他交通工具出行，尽量为远途上班族提供乘车空间的作用。同时，还应保留公交一卡通并将其改为递远递增的计费模式，供非上班族使用，从而达到科学收费且提高公共交通的经济收益的效果。凡此种种，或能使地铁调价真正合理化，并且得到乘客的认可。

2014 年 8 月 7 日

当有志青年时逢创业热潮

　　前不久，北大光华管理学院就 MBA 项目成立二十周年举办了一系列庆典活动。其中包括一场主论坛与九场分论坛。值得关注的是，在创新主题"草根创业时代的创业教育"和行业发展"传统企业的互联网逆袭"这两场分论坛时段，不仅会场观众爆满，两间进行视频直播的教室同样座无虚席、人声鼎沸。更有甚者，论坛结束后，还出现了众人疯抢嘉宾名片的"盛况"。

　　这说明，如今正有越来越多的有志青年渴望尝试自主创业，国内的创业热潮也正于 2014 年快速升温。

　　实际上，造成时下怀揣创业梦想的人群持续扩大的直接原因是互联网科技的普及度在不断提高。据此前中国互联网络信息中心发布的《中国移动互联网调查研究报告》

显示，截至 2014 年 6 月，我国手机网民规模达到 5.27 亿人。在所有网民中，使用手机上网的人群占比高达 83.4%，较 2013 年的 81% 进一步提升。这样一来，众筹、众包、创客等过去并未受到高度关注的理念与服务模式迅速进入人们的视野，不少人的思维和观念也都因此变得更加新潮，进而萌生了"给自己打工"的意识。

但是，互联网普及只是起到了帮助人们开阔眼界的作用。换句话说，它仅仅是告诉很多人："你可以自己创业"，却并不意味着他们就一定会这样做。事实上，渴望创业的人群愈发庞大，有着其更深层次的诱因。

众所周知，在当下这样一个快节奏、高效率的时代，身处北上广等一线大都市的人们面临着很大压力。一方面，各企业和用人单位的"高门槛"使得求职者必须出身知名院校、手握较高学历与各类资格证，且通过激烈的竞争方能被招揽其中。一旦稍显"逊色"，他们就有可能遭遇四处碰壁的窘境。另一方面，如今大都市存在的买房难、养车难、就医难、子女上学难、老人赡养难等问题归根结底都绕不开"价高"二字。以北京为例，部分小学生每年用于补习的费用高达数万元，而保姆的月薪则达到数千元。加上高额房贷、养车费、医药费让刚刚迈入职场的"打工者"根本无力承担。相比之下，国内中小城市的就业难度和生活压力虽然小了很多，但因城市自身竞争力有限，这些从业者的职业前景也较大都市的同龄人差了不少。他们想要有一番作为，甚至成为行业精英，自然就会变得异常困难。因此，中小城市的"打工者"同样面临着很大压力——内心的职业追求难以实现。

相比之下，自主创业可以很好地规避掉这些"职场难关"。由于创业者是给自己打工，所以无所谓自己是否来自名校，是博士、硕士，还是本科生、专科生，更不需要经历激烈的竞聘。只要自己觉得行，他们就可以将自己招入麾下。同时，自主创业一旦成功，很可能会给创业者带来丰厚的经济利润，这就有助于他们缓解因各类高消费造成的生活压力。同时，对于有追求的创业者来说，只要能将公司发展至一定规模，便能够得到向更大市场进行拓展、乃至寻求同知名企业开展战略合作的契机。这样，他们将有机会实现自己的理想。因此，创业的起步条件更低，成功后的经济受益更大，职业生涯的上限更高，才是真正令这么多人对其产生兴趣，即让人们觉得"我该去创业"的根本原因。

然而，创业虽有其自身的优势，却也暗藏着极大的风险。正因为是给自己打工，创业者就必须先有所投入，而一旦失败则血本无归，这无疑将使其处境变得更为艰难。最重要的是，若创业资金来自集资、借贷等方式，当公司经营不善时，创业者还要承担一系列债务偿还问题，甚至是相关法律责任。所以，之前就有业内人士表示："市场从'贪婪'转向'恐惧'的关键节点只在弹指之间。"那么，这些有志青年如何才能更好地"创"出一番属于自己的事业呢？

首先，创业者需要清楚地意识到，尽管创业不必经过一番竞争才能入职，却不等于不需要具备过硬的业务能力及综合素质。如果未能积累足够的专业知识，强化自身竞争力，即便自己令自己入职，也很难在市场竞争中站稳脚跟。因此，他们最先应该做到的就是耐心学习。他们可以先求职、打工并积累经验，等到几年之后再找机会自主创业。其次，创业者还需要认识到，创业成功虽然会有回报，但这一过程却十分艰辛且风险很大，所以不宜急功近利。例如，初期需要先树立良好的企业形象和信誉，将盈利放到其次。等到企业知名度提升后，再稳步做大做强。最后也是更重要，创业者要提前做好风险防范与应急、善后的预案，最大限度地避免因创业失败带来的损失。凡此种种，或能增加其创业成功的概率。

2014 年，国内时逢创业热潮——有志青年更应认真思考，如何才能让自己拥有一个成功的明天？

2014 年 12 月 11 日

文娱产品需融入都市生活节奏

伴随着国内经济的持续发展、居民生活条件的日益改善，以及互联网时代的来临，人们的业余生活变得愈发丰富多彩。特别是在一、二线大城市，可供选择的文化娱乐活动比比皆是。近日，艺恩资讯公布了文娱企业五十强排行榜。值得注意的是，在这次主营业务包括影视娱乐、游戏动漫、出版传媒等六大类别在内的企业评选中，来自影视娱乐领域的公司达到43%；前十名之中，该类公司多达五家，其中华谊兄弟更是位居榜首。

事实上，影视娱乐领域的企业之所以能如此快速地成长，并且在行业竞争中占据上风，很重要的一个原因是他们与现今国内都市生活的契合度更高。由于当前职场竞争日趋激烈，人们的生活节奏逐渐加快，压力也随之加大，尤其是在相对发达的一、二线城市体现得更为明显。在这种情况下，虽然各类新颖的文娱产品层出不穷，但人们真正能够投入其中的时间和精力都十分有限。拿阅读来说，尽管是很便捷的活动，但对于读者的阅读状态和所处环境都有一定要求，如果身体疲劳、情绪烦躁，或是周围吵杂，读者便很难达到娱乐身心的目的；虽说文艺演出可以满足观众放松的需求，但时间、空间又过于集中，一旦不能按时抵达特定地点，或是没能买到入场券便无法进行观赏；虽然游戏对于玩家的状态、环境、时间、空间都没有太多要求，但在年龄、阶层方面太过局限，若玩家不属于某款游戏的适用群体，很可能就不会感兴趣。

相比之下，影视娱乐的参与难度就要更低。由于是直观的视觉与听觉感受，人们在观赏影视剧时无须过分在意自身状态和周围环境。同时，影片全国同步放映、周期长达一个月，以及无线网络和数字电视的出现，使得观众可以随时随地跨越时间、空间，观赏自己心仪的影视作品。另外，尽管影视剧的题材各不相同，但多以讲述一个故事的形式来表现，而观众往往只要做旁观者或倾听者即可，不必与之进行互动，适用群体自然就更为广泛。这说明，影视娱乐最直接的优势实际上在于给人们提供了一种能与之年龄、阶层、状态、时间、环境均无缝链接，即插即用的休闲放松方式。正因如此，其他领域的文娱企业想要取得同样的成功，就必须让旗下产品更好地融入到时下都市生活的节奏中。

一方面，行业人士应该设法减少产品与用户接触的障碍。例如，出版传媒可以尝试推出更多有声电子读物，并且适当搭配图片和视频，丰富读者直观感受的同时降低其阅读的难度；文化演出则可以尝试更多地通过网络、电视进行直播，以便那些因时间不巧或没有入场券而无法亲临现场的观众进行观赏；游戏制造商则要尽可能研发并制作一些易于上手、主题倾向性不明显的作品，供不同年龄、阶层的人使用。另一方面，行业人士还应更加注重战略合作与跨界拓展，同其他领域联手推出娱乐产品。例如依托于一部备受好评的影视剧撰写小说；以一部经典话剧为背景制作游戏等。这样一来，或能使文娱产品真正满足人们的需求，进而为企业铸就辉煌。

在文娱行业高速发展的今天，从业者更需要思考，怎样找到并契合都市生活的节奏。

2013 年 11 月 13 日

出租车靠软件不如靠服务

乘客站在街边苦等良久却看不到车；司机拉着空车反复穿行于大街小巷却找不到活：国内出租车行业面临的尴尬处境一直以来都是人们谈论的主要话题。近日，两大软件公司——"嘀嘀打车"与"快的打车"相继展开激烈的价格战，"打车"也大有再度成为流行词语的趋势。

但令人意想不到的是，几经尝试之后，越来越多的人发现新型打车软件并非想象中那般美好，"打车难"、"拉活难"的现象依旧存在。

据了解，使用这种打车软件，人们便可以通过手机提前发送叫车订单。另外，乘客还能依靠支付宝在线缴纳车费并享受一点数额的补贴。不仅如此，乘客发送的订单还能够同时被多名司机接收。这样，司机就能快速了解乘客所在地、目的地等信息。如此，人们不但可以很快坐上车，司机也能有针对性地选择为那些距离自己较近、路况良好，抑或是比较愿意去对方要求的目的地的乘客服务，可谓一举两得。

但是，很多使用此类软件的乘客表示，订单发送给 200 多位司机，却迟迟等不到车，在线支付车费更是屡屡不成功；不少司机同样大倒苦水，因为打车软件并未及时将叫车订单传送至手机，导致他们根本不知道有人叫车，无形中浪费了大量时间。

对此，"快的打车"相关负责人承认，自软件问世并推出补贴活动以来，其接收的订单数量呈爆发式增长。虽然只用了两个月就轻松完成了全年订单量翻 10 倍的预期目标，却也导致服务器承受的压力日益加大，最终造成大批订单因网络拥堵而未能及时被传送给司机的现象。此外，"嘀嘀打车"也发布一则官方说明，表示无法叫车和在线支付是源于订单过多造成其系统出现了间歇性不稳定。

这就证明，作为此类新型软件的运营商，"快的打车"和"嘀嘀打车"均没有做好足够的准备，对于市场需求的评估不够准确，以至于在如何打赢价格战方面投入了过多精力，而忽略了产品自身的后续完善与升级，他们无疑应为此承担主要责任。但从另一个角度来看，作为服务行业的工作者，出租车司机显然不应将自己的"活"完全交由一款应用软件。

其实，打车软件的核心价值就是告诉司机哪里有人需要坐车，但最终决定是否让乘客坐上车的还是司机本人。确切地说，是司机本人的服务意识。事实上，不少出租车司机时常以时间太早或太晚、天气条件不佳、路况拥堵、路途太远为借口而拒载。不仅如此，有些司机还会在搭载外来乘客时故意通过绕远来增加车费。更有甚者，一些司机还会因乘客急于赶去目的地而大幅抬价或直接索要小费。这些无不为人所诟病。

时下，"快的打车"和"嘀嘀打车"已先后将竞争重心转移到服务器扩容与系统升级等方面。这当然是必要措施，但想要让出租车市场重现生机，最终还要靠从业者在服务意识上作出改变，否则就算是打车软件恢复稳定运行，也很难长期有效地为出租车市场带来繁荣。

这其中，行业部门应尽快针对出租车司机每天的出勤率、行驶里程、接单量、乘客满意度建立一套系统完备的考核制度。如果司机能够超额完成任务，则对其予以发奖金、带薪休假等奖励；反之，若司机未能达到考核标准，则对其予以罚款、停职等处罚，乃至解聘。同时，还应设法尝试同互联网企业寻求合作，开发一些线上监控软件，以求利用网络加大对于出租车司机的监管力度，迫使其保持自律。更重要的是出租车司机自身需有所调整，要注入服务大众的意识。如果绝大多数司机都能在上下班高峰期、节假日、天气条件恶劣、路况拥堵的时候出现在街头巷尾，并且用最快捷的行车路线将乘客送至目的地，他们又何愁接不到订单？

未来一段时间，打车软件之间的竞争势必会继续，但竞争重心还应放在产品质量及后续完善方面，而对于出租车行业本身而言，想要在市场竞争中站稳脚跟，靠别人终究不如靠自己，靠软件终究不如靠服务。

2014 年 3 月 27 日

从解忧走向添堵的家政服务

　　中介费每年上千元、管理费每年数千元，且必须一次性缴纳；月嫂动辄月薪上万元、保姆月薪数千元：这就是如今国内大城市家政市场的普遍价位。即便是在一些二线城市，许多月嫂和育婴师每个月也能挣得七八千元的薪水，无可争议地晋升为高薪一族。不可否认，随着信息化时代的到来，大中型城市的工作、生活节奏愈发提速，加之老龄化社会日益临近，越来越多的人已无暇顾及来自家庭的点点滴滴，这也直接致使家政服务行业迎来了属于自己的"大时代"。

　　然而，面对这一千载难逢的发展机遇，绝大多数家政服务从业者的表现不仅远未达到人们的期望值，甚至渐渐开始让人感到无奈与厌恶。

目前家政服务人员存在的最大问题就是名不副实。尽管她们都自称拥有较强的业务能力，但往往连雇主最为基本的要求都无法达到。例如，很多月嫂的介绍资料上写的是拥有多年婴幼儿护理经验，实际上不仅不会洗衣做饭，就连给孩子换纸尿裤都不能独立操作；不少保姆号称拥有初、高中文化水平，培训时厨艺、卫生等科目都是满分，事实上不仅煤气难以独立点燃、日常家用电器不会使用，即便是对于刷碗应该使用洗涤液、擦地需要用拖把这样的基本常识同样一无所知；至于被誉为具有较好医疗知识及护理经验，擅长照顾老人的保姆，大多数也只能做到给老人喂饭、翻身，再无其他贡献。

此外，当下越来越多的家政服务人员暴露出持续工作时间太短的问题，同样令雇主们头痛不已。例如，某些家庭刚刚迎来新生儿，由于家中老人无法帮忙照顾，他们不惜重金聘请一名月嫂希望以此保障产妇和婴儿的生活质量，但月嫂往往三天两头就以身体不适为由旷工，再过几天就会抛出亲人病危、离世等噩耗，随即拿着高额薪水扬长而去；另外，很多保姆更加离谱，她们或是在一个月试用期内稳定工作，等到续签正式合同后，就开始消极怠工，直至雇主无法忍受而提前解约，要么就是待上三天五日便提出自己突患大病需要手术、父母病故、丈夫出车祸、孩子离家出走等理由要求离开；更有甚者，有些保姆口口声声说要在雇主家大干一番，结果入职后先洗个热水澡，再将自己全部衣物洗个干干净净，而后吃上两顿饱饭、睡个自然醒，第二天便向雇主索要两天工资并请辞离去了。之前就曾有雇主表示，自己家保姆离开后，才得知几位朋友的保姆也相继辞职，而理由居然同为"得了阑尾炎"，这着实令人惊讶。

如果真实工作能力及职业素质已经非常让人不满的话，部分家政服务人员道德品质的缺失则更是令雇主感到无比厌恶。举例来说，很多家庭因身边没有老人且工作繁忙，便聘请一名保姆帮助接送孩子上下学，以及打扫家务，但不少保姆不仅会趁着雇主家中无人偷吃偷喝，还会将其亲友招致家里，窃取雇主财物；很多负责照顾幼儿或残障老人的保姆则更为过分，她们不但会偷盗财物，还会为求使自己获得充裕的看电视、睡觉、外出玩耍等时间而长期给幼儿和老人服用安眠药，乃至不时地对患病老人进行歧视与打骂，严重损害他人的身体健康及合法权益。

问题是，为何如今的家政服务市场会呈现出鱼龙混杂、乱象丛生的局面，家政服务人员又是缘何变得既嚣张跋扈还吃穿不愁呢？

不可否认，造成家政行业今天这般混乱状态的主要责任方就是家政公司。首先，某些中小型家政公司只是负责给雇主介绍服务人员，而不会为旗下员工提供任何专业培训，甚至对其业务能力一无所知，完全任其自主填写个人资料。一旦这些服务人员对自身能力的认知度不高或有意进行虚假宣传，就会出现名不副实的情况。其次，一些大型家政公司虽然会在员工入职前对其进行培训，但通常只有短短几天时间，内容也非常简单且多

我们生活的这个时代

为讲授而缺少实践。最后，不少家政公司的培训班在结业评测时比较松懈，员工说上两句好话基本就能拿到满分，这无疑在很大程度上使她们的能力被注入了水分。

另外值得一提的是，如今很多家政公司都正在或已经暴露出了"噱头现象"——服务人员私下按照不同的地域、学期，抑或是工种，自主划分为不同的小团体，并且尊奉自己所在团体中年龄最长，或入行最早、资历最深的一位员工为"大姐"。这样一来，绝大多数家政服务人员是否接受雇主聘用，如果接受，又能为其服务多长时间，以什么态度服务，则完全听从这个所谓"大姐"的操纵。结果就是，一方面家政服务人员会不时拒绝雇用，直到逼迫急需月嫂或保姆的雇主给出高薪，以此不断抬高市场价位；另一方面，她们入职后，都会在短时间内离职，因为这样既能让小团体尽可能快且尽量多地了解到不同雇主家的基本情况，方便为自己筛选出那些条件较好的雇主去服务，还能营造出一个供不应求的市场形象，通过"身后无时不刻都有很多客户虚位以待"来要挟雇主将自己奉若上宾。如果雇主对保姆的行为态度提出异议，只要"大姐"一声令下，这个小团体的服务人员要么会拒绝再接受其聘用；要么则是入职一两天就请辞，使雇主徒耗钱财。

这些月嫂和保姆敢于如此嚣张，反映出的则是现今家政公司在人员管理方面存有太多漏洞。比方说，公司在员工离职再就职的间隔期和就职期间的休息日的管理过于松懈，不仅允许多名服务人员在同一天休息，且给其提供的住处也是集体通铺，这就在很大程度上为她们搭建了创造小团体并相互交流的平台，直接助长了"大姐"和"噱头现象"的滋生。另外，尽管服务人员入职前会和雇主签署劳务合同，但对于她们胡乱抬价、频繁跳槽的行为，公司一般不会予以任何惩罚，只是负责为雇主更换新人。这不但让月嫂和保姆们没有了顾虑，更间接对她们不断换岗提供了支持。更有甚者，有些员工竟然在离职前直接和雇主说："明天我让老板派那个谁谁谁来，你在家等着吧。"让人大跌眼镜的是，即便出现这种服务人员代替公司给雇主派人，并且反过来向公司和雇主下达命令的恶劣行径，大多数家政公司同样没能进行有效地制止。

究其根源，还是有关家政服务的法律法规不够健全，行业约束力不强所致。由于我国目前尚无针对家政服务人员恶意抬价、频繁违约等现象的制约性法律条款和明确的处理规定，相关部门也并未针对家政公司的售后服务保障给予强有力的监管，导致这些月嫂和保姆的管理全都要依赖公司，而不少公司通常都是一次性向雇主收取一年的中介费及管理费，且合同规定中介费不予退还。如此，他们自然就没有动力去监管旗下员工了，最多就是保证在一名员工请辞后，再为雇主派遣新人。至于新人是不是"噱头"安排，业务能力是否达标，能就职一天、两天，还是一周，服务态度如何，他们基本不会上心。毕竟，这一笔中介费与管理费早已进账。

但从另一个角度来说，雇主对于家政公司及其服务人员过分迁就，也在无形中恶化了这块市场。例如，很多雇主总想着给高工资就能找到优秀的月嫂，反正就一个月，豁出去了，于是便不断有人向恶意抬价的行为妥协；还有不少雇主为了使保姆能够稳定就职、不跳槽，甚至让她休息而自己做家务；特别是一些雇主觉得保姆不好找，明明知道保姆在家中行窃并虐待老人，不仅不去投诉和报警，反倒是通过加薪来讨好她，恳请她善待老人；最无奈的是，当月嫂或保姆赚得盆满钵满并扬长而去后，有些雇主明知道家政公司不会帮助管理，还是会对对方好话说尽、连声道谢，寄希望于公司下次能派来一个能力强、不跳槽的员工；更有甚者，一些雇主还会在服务人员请辞后，将责任归咎于自己家人，认为是家人得罪了保姆，并且相互指责，严重影响了其家庭氛围；长此以往，不论家政公司，还是月嫂、保姆，都难免变得有恃无恐。

想要规范家政服务行业，就必须从法律完善、行业监管、员工培训、管理机制等多个方面进行改造。

当务之急，法律部门需要尽快研究并出台有针对性的法律规定。例如，要求家政公司必须具备一定规模的培训体系与管理措施方能营业；公司在向雇主收取中介费与管理费的同时，必须承担售后服务保障的义务，否则应退还费用；规定月嫂一旦同雇主签署劳务合同，一个月内不能无故请假或辞职；保姆如果同雇主签署劳务合同，合同期内不得以任何理由辞职，否则需赔付雇主高额违约金，并且在相当长一段时间内不得再从事该行业工作。另外，还应针对因雇主虐待月嫂、保姆，抑或是保姆消极怠工、偷窃和虐待老人而不得不终止雇用关系的情况推行投诉系统，追究过错方的行政处罚或法律责任。

不仅如此，相关部门也应加大对于家政市场的监管力度。比方说，明确规定中介费、管理费、服务人员月薪的上下限，这样既能保证家政公司及其员工的基本权益，又能极大地限制恶意抬价。同时，还应利用互联网设立月嫂和保姆的黑名单，一经发现随意违约、服务态度不佳者，则将其添加并公示于网络，使全国的雇主及家政公司都能一目了然。此外，家政公司要尽可能错开员工休息时间，且加大在她们等候入职期间的管理力度，尽可能避免多名员工长时间共处的情况。除了这些，还要严格规定家政服务人员的培训内容与考核标准，并且定期派人监考，以求确保其员工的业务能力。

最为重要的是，政府和社会各界应给予投资家政服务行业的企业一定的资助。特别是在培训与管理两个环节，不只是经济上的帮助，更需提供一些专业培训师和管理者，帮助家政公司培养优质服务人员。另外，家政公司也需加强行业自律，设法建立系统的奖惩制度。例如，可以尝试推行抵押金制度，令员工在入职前先向公司缴纳一定数额的抵押金，如果就职稳定、雇主评价较好，则给予她们一些经济奖励；如果她们累计辞职或被雇主投诉达到一定次数，则扣除抵押金并将其解雇：以此形成对这些月嫂和保姆的约束。同时，雇主自身也要及时进行反省。作为服务人员在就职期间的实际管理者，雇主都在无底线地对她们及家政公司妥协、忍让，最终不仅无法换来自己想要的结果，反倒是花了许多冤枉钱，那又何必一味不合理地退让呢。

2014 年，老龄化社会越来越近，家政服务市场无疑拥有着广阔的发展前景，但当如此多的月嫂与保姆从为人们解忧沦为给大伙儿添堵，我们是否该认真地想一想——我们"马上"要做些什么？

2014 年 4 月 3 日

我们生活的这个时代

当生猪养殖业踏上"窘途"

作为农业大国，耕种、养殖一直以来都在我国占有举足轻重的位置。其中，猪肉因性价比相对较高而长期为广大居民所青睐，成为人们日常生活中食用量最多的肉制品，这也在很大程度上带动了国内生猪养殖业的发展。然而，近两年该行业却渐渐开始呈现下滑趋势。步入 2014 年后，更是陷入了"危机"。

"这猪快养不下去了，仅仅三个月左右，一头猪的价格就狂跌了 500 多元。"某位拥有十余年养殖经验的一线生猪养殖户感叹道。

据农业部在全国 480 个集贸市场进行的畜禽产品与饲料价格定点监测的结果，截至 2014 年 4 月，国内已有多达 26 个省份的生猪价格出现下跌，平均价格则跌至每千克约

11.4 元，同比下降约 14.1%。另据山东省畜牧兽医信息中心的监测结果，截至 2014 年 4 月，生猪价格已跌至每千克约 10.4 元，同比下降约 13.4%；猪粮比价则约为 4.5：1，同比下跌约 15%，并且连续六周跌破 5：1——这一深度亏损线，创造了自 1999 年以来的最深度亏损，每头生猪出栏净亏损约 350 元。要知道，2014 年 1 月时，生猪价格还能达到每千克约 15 元。

那么，作为养殖业中的重要一环，本应具有稳定收益的生猪养殖究竟是因何不断亏损，直到陷入窘境，乃至难以自拔呢？

仔细观察不难发现，就国内中小型生猪养殖企业与个人养殖户来讲，他们缺少足够先进的理念与管理经验，技术也存有短板。例如，由于资金短缺，他们在选购种猪的时候没有条件选购优良品种，并且缺乏较好的鉴别能力，就会导致种猪质量得不到保障；在选配饲料方面，他们也不太注重饲料质量和营养搭配，造成生猪的生长速度与肉质会受到影响；在疾病防疫环节，缺乏卫生防疫意识，致使生猪养殖期间出现疫病的隐患较高，一旦发生疫病且造成传播，无疑会使养殖户蒙受巨额损失；在市场供求的预判方面，缺乏对市场的调研，不能够根据市场供求来确定养殖规模，这些无不是造成亏损的重要原因。

相比之下，一些标准化、成规模的大型生猪养殖企业运营比较稳定。他们不仅可以通过运用先进的技术及设备大幅提高生产效率，还能提高生猪屠宰效率与瘦肉出产率。更重要的是，这些企业非常注意疫病防治工作，以致其养殖的生猪存栏量较高，供应量十分充足。但是，随着时代不断发展，科技不断进步，国内大中型城市居民的生活水平逐年走高，养生意识也变得越来越强。人们开始加大青菜、禽蛋、海鲜与牛羊肉的购买力，猪肉的食用量则有了较大比重的下降，这直接造成肉制品市场供大于求的局面。因此，当大企业都面临生猪存栏量过剩的尴尬时，猪肉价格持续下跌自然是情理之中的事儿了。

既然如此，行业部门该怎样设法改变这一现状，并且最终使国内生猪养殖业能够转危为安、重新归于稳定呢？

具体来说，除了此前业内专家提出的请保险公司介入，建立生猪养殖保险，以及由国家给予一定比例的贷款贴息外，政府及有关部门应有意识地引导中小型企业、个人养殖户进行规范化生猪养殖。比方说，可以定期聘请专业人士去各地开设专业养殖技术方面的讲座，为养殖户普及专业知识，并且加大对于种猪和饲料供给环节的监管力度，建立规范的种猪与饲料销售场所，保障生猪质量。同时，行业机构还应定期派专业人士去各地检查生猪养殖的卫生环境并帮助养殖户做好疫病防疫工作，最大限度地降低生猪患病的风险。另外，较为成熟的大型养殖企业则要尽快建立市场调研部门和战略规划部门，通过定期调查市场需求，合理地调控生猪养殖规模，防止产能过剩。在管理方面，还要实行科学、规范的标准化管理。不仅如此，企业还要设法抓住国内农民在猪肉消费方面具有较大潜力的契机，加大在小城市和乡镇地区的销售力度，使生猪肉回到供需合理的状态。

2014年，国内生猪养殖业正在踏上"窘途"，我们有必要认真思考，明天的生猪该怎么养，又该怎么卖？

2014 年 4 月 24 日

网购，想说爱你不容易

网购成为了一种潮流，一种生活方式。在带给人们极大生活便利的同时也增添了些许烦恼：以假乱真、以次充好层出不穷；行业竞争衍生的问题日益突出；个人信息成了商家获利的资源

"双十一"再临，你准备好了吗？

互联网普及率逐年提升，使得网络在人们日常生活中的戏份儿变得越来越重，特别是伴随着各大型线上综合购物平台相继涌现，网购之于消费市场的影响力已有赶超实体商店的趋势。

2012年，以天猫为首的网购平台一度凭借所谓的"双十一"、"光棍节"这一概念，于当日创造了支付宝销售总额191亿元的惊人业绩。如今，新一轮线上促销大战将揭开大幕……

相比上一次"双十一"购物节，各路商家投入的力度明显加大。据阿里集团事业部相关人士透露，天猫当前7万电商中，将有2万商家参与2013年的促销活动，是2012年的两倍。不仅如此，天猫还会在沿用此前充值抢红

网购，想说爱你不容易

包等互动模块的基础上，增添诸如周期购、积分兑换优惠券这样的新型消费模式。其中，尤为突出的当属通过无线客户端加高德地图将线下的品牌店铺与线上的旗舰店打通，通过双线交互、大数据运营打破传统购物和网购之间的界限。届时，300多个知名品牌在内的3万家线下门店均将参加本次活动，共计覆盖全国200多座城市，以及超过1000个县。

然而，仅仅通过扩大活动规模、丰富促销模式，是否就能真正使2013版"双十一"购物节变得更为成功，经营者又该预防来自哪些方面的隐患呢？

事实上，本次活动最令人担忧的环节就是物流。目前，为了做好此次购物节的运输工作，全国十三家大型快递公司已有100余万快递员随时待命，且共计扩充150多个分拨中心、4000辆货车，以及超过200万平方米的操作场地，特别是EMS旗下的南京处理中心，还能够同时容纳19架飞机进行升降。不过，天气是否会延误异地运输？面对大量快件，一旦分发错误能否及时寻回？若快件因人为失误而破损或遗失，快递公司将如何善后？这些仍旧是亟待物流从业者攻克的难题。相关人士指出，即使是京东、苏宁等自建物流体系的电商时下承载量基本也就在100万单左右，最多约200万单，遇到大型促销便会迎来考验。

此外，网站承载量也是一个颇为值得关注的环节。之前的"双十一"购物节，由于大批客户同时于凌晨登录进行抢购，致使购物网站的系统长时间处于繁忙状态，不少消费者为抢得心仪的商品不得不熬夜刷屏。表面上看，顾客最终相继买到了想要的东西，算是满载而归，但这样的购物体验其实并不舒适。他们之所以甘愿不遗余力地守在电脑旁，很重要的一个因素就是活动在休息日进行，大家敢于连夜参加抢购，而今年的"双十一"将在周一凌晨到来，熬夜势必会影响自己白天投入工作、学习的精神状态；白天选购、下单更会耽误工作、学习。因此，一旦消费者不能顺畅地投单并付款，他们将非常有可能放弃购物，这将严重影响商家促销的效率。对此，阿里集团技术部副总裁刘振飞表示，今年"双十一"期间的天猫网站足以支撑全国数亿网民同时登录，因为其承载量级将较 2012 年同期翻倍。

但事实上，想要真正掌握销售的主动权，进而赢取更多利润，商家还应在其他方面多下功夫。例如，促销商品除了价格低廉、有质量保证，更要做到有吸引力，能够让顾客购得平常不容易买到的东西，使之感受到活动不同寻常之处。同时，经营者需将活动时间变得更加灵活，不一定非要局限于"双十一"当天，可以尝试通过借助周末假期减轻消费者购物的压力。另外，商家还需试着将购物节切分为不同板块，根据商品类型分时段开放抢购活动，以求分散同时登录网站的客流量。最重要的是，电商要充分利用双线交互，积极地与实体店建立合作关系，将一部分物品提前存放于各地店铺中，并且推行"线上下单，线下取货"的灵活运输模式，降低快递公司的工作量及派送风险。凡此种种，或能进一步提升 2013 年"双十一"购物节成功的概率。

2013 年初冬，"双十一"购物节再临——商家，你准备好了吗？

网购，想说爱你不容易

2013 年 10 月 29 日

"她经济"或将迎来大时代

随着淘宝网、京东商城、亚马逊等线上购物平台相继诞生并日渐成熟，通过互联网消费的概念也在不断深入人心。特别是近两年"双十一"、"双十二"等大型购物狂欢节活动的成功举办更是让越来越多的人开始乐于尝试体验网络购物。那么，这种新型消费模式面对的主要客户群又是哪些人呢？某脱口秀节目主持人曾调侃："如果'双十一'这天放任自己的老婆上网，你这一年就白干了。"

一句玩笑固然说明不了什么问题，但前不久的几组调查数据显示，国内女性网民之中，通过互联网购物的人数确实正在不断增加，并且成为该消费模式的主力军。

据《中国互联网络发展状况统计报告》，截至 2014 年 6 月，我国网民总数已达到约 6.3 亿人，其中女性网民约 2.8

亿人；另据艾瑞咨询的数据显示，2013 年中国线上消费规模多达 1.85 万亿元，增幅高达 42%；出自民生证券的研究报告表明，当前国内女性网民之中，月收入所占比例最高的是 1000~3000 元这一区间，但早在 2011 年开始，便已经有 10.6% 的女性网民月均网购支出超过 600 元；亚马逊中国的调查则显示，约 20% 的消费者表示，自己基本已将消费需求全部转移至互联网购物平台，而约 70% 的女性认为，自己在 2013 年通过线上消费多于线下购物。

那么，问题来了——面对来自各个领域、各个年龄层的消费者开放的互联网消费模式，究竟为何明显更受女性网民的青睐呢？

在一些业内专家看来，女性网民能够成为线上购物的主力，源自诸多因素。这其中，最主要的原因便是她们的购物需求来自于生理、情感、爱美、家庭责任等各个方面。尤其是在家庭日常消费方面，她们往往会比男性消费者给予更多的关注，更善于利用琐碎时间发觉新鲜事物，而这些需求在互联网平台能够得到最大限度地满足。例如，某些刚刚生完孩子的年轻女性消费者就表示，一边忙于工作，一边还要照顾孩子，根本没时间出去购物，但通过线上消费便能买到所有生活用品，非常方便快捷。

此外，女性消费者乐于购物、乐于分享的性格也是造成线上男女消费者比例不均的重要原因之一。很多时候，男性消费者都是有针对性地去购物——需要什么，直接就去买什么，买到就走；女性消费者则喜欢经常无目的地浏览网站，且经常被新鲜事物所诱惑，逛着逛着就会随手拍下一单：这种消费特点几乎与她们在线下购物时一致。不仅如此，由于女性消费者时常会将自己买到的心仪物品晒到 QQ 空间、贴吧、微博、微信朋友圈等公共社交平台并与亲朋好友进行交流，这一过程很可能会导致有第二位、第三位，乃至更多女性网民去选购该商品，而她们在有针对性地购物的同时，往往又会无意间买到其他商品，且同样进行分享。如此循环往复，线上交易量自然就大大提升了。

　　正是女性网民这种多方面的消费需求及普遍存在的消费特性，使得不少商家看到了无限商机，寄希望于凭借涉猎互联网消费领域赚个盆满钵满。既然如此，他们又该怎样把这块"蛋糕"进一步做大呢？

　　具体来说，商家最需要做到，也是最难以做到的一点便是始终如一地诚信经营。不可否认，过去很多线下的商家都会在初期尽量让利给消费者，以此建立稳固的顾客基础，但之后就会渐渐变得"利字当先"，令消费者感到难以接受。所以，想要在选择面更广、买方主动权更大的互联网平台赢得一席之地，商家就必须做到以信取利，哪怕一开始就没有多少实惠，也不要想着先亏本将顾客吸引过来，再反过来大赚一笔。众所周知，女性消费者经不住诱惑，却也缺乏耐心，一次失败的购物体验就可能促使其将店铺拉入黑名单。而且，她们既然乐于分享购物成果，自然也乐于分享不愉快的购物经历，这种"广告"的效力同样惊人。另外，女性消费者虽然多，但买的东西未必就是女性消费品，男性消费品、老人消费品、儿童消费品也均在其选择范畴之内，只是掏钱的人是她们罢了。因此，综合型店铺的商家需要时时注意丰富产品种类，要能够做到面对同一类顾客销售不同类别的商品。凡此种种，或能继续稳固线上购物平台在女性消费者心中的地位。

　　2014 年，人们习惯性将由女性网民主导的互联网消费称为"她经济"时代——如何将其发展为大时代，各路商家是时候思考了。

2014 年 11 月 18 日

刷出"誉"不等于能刷出"信"

近些年，互联网购物平台的规模不断壮大，创造的商业利润更是远远超出人们的想象。从"双十一"购物节、"新年优惠"等促销活动的火爆程度及消费者的参与热情能够明显地看出，国内居民正在逐步将网购变成常态化消费。在这种情况下，线上交易平台的信誉就显得异常重要了。

前不久，有两家国内知名大型网购平台相继被曝光知假售假，一度引发人们热议；一波未平一波又起，近日淘宝、天猫也被指雇人"刷信誉"：线上购物的可信度正在遭遇前所未有的冲击。

据了解，所谓"刷信誉"，就是线上店铺的老板向"刷手"提供自己的登录账号和密码，后者会通过不断在其店铺重复进行："下单—付款—确认—好评"的操作流程来提升该店铺的商品销量、顾客评分与信誉积分。一般来说，老板只要提供给"刷手"300元，对方便能给店铺"刷"出一个钻。还有一种方式，就是老板和"刷手"先达成协议，对方假扮顾客在店铺挑选物品，接着通过阿里旺旺等聊天工具同老板讨价还价，最后下单并付款。然后，老板假意发货，等对方确认、好评，再将货款及劳务费一同退给对方。一般情况下，每"刷"一次"刷手"获利约5元，每重复一次的流程约10分钟。

目前，这种"刷手"于微博平台尤其常见，有些人的粉丝已超过1000人，而在QQ、微信、贴吧等网络公共交流平台上，类似的组织或个人也可谓比比皆是。那么，为何"刷信誉"会得到诸多网络店铺老板的认同呢？

其实，老板花钱雇人"刷信誉"无非出于两个目的：一种是为店铺塑造一张诚信运营、广受好评的假面具，赢得广大普通消费者的信任，之后凭借造假售假等不法经营牟取不当利益；另一种则是店铺刚刚开张，信誉等级较低，无法同那些拥有多颗钻，抑或拥有皇冠的店铺竞争客户资源，不得已雇人"刷"高信誉，以求更好地抢占市场。相对来说，第二种情况更为普遍。此前，就有一位经营数码产品的淘宝店铺的老板直截了当地表示："一开始也觉得刷信誉不好，但后来发现其他店铺都在刷，甚至卖假货的只要信誉高，生意就比我好，后来我也刷了三个钻，才逐渐有了客源。"这说明，"刷信誉"之所以能起到立竿见影的作用，甚至有利可图，根本原因还是消费者过于直观地认同"钻、皇冠同店铺信誉成正比"——这一网购可信性判定标准。

此外，当前淘宝虽不断重申，禁止店铺"刷信誉"的行为，但在具体防范的过程中，基本只能定期依靠电脑和人工团队对店铺进行排查。一旦店铺采取这种通过完整购物流程来"刷信誉"的情况，淘宝后台也很难出面干预。这也是造成"刷手"越来越泛滥的一大原因。所以，设法限制这类现象进一步蔓延，需要多方面人士的共同努力，且已是势在必行。

　　具体来说，监管部门应加大检查力度，从微博、QQ、微信等网络公共平台入手，严厉打击这些藏匿于虚拟世界的"刷手"组织及个人，净化网络环境。同时，这些平台也应该加强监管，对于非实名认证且打着"刷信誉"广告的用户及时采取封号、举报等措施，不给其在网络生存的空间。另外，行业部门也应将之前推行的网购"售后七天内，可以无条件退款"的制度进一步强化，要求所有网店都必须遵守，并且建立专门的举报平台。一旦卖家拒绝退款，买家便能实时举报，有关部门就可以及时对店铺予以处罚。这样一来，线上店铺自然不敢造假售假，"刷信誉"也就意义不大了。更重要的是，消费者应该尝试改变原有的观念，不要一味地相信有钻、有皇冠的店铺，而是要本着不论店大店小，一律持"售前多沟通；售后敢维权"的态度去购物，使新老店铺能够处于平等的竞争环境下。如此，老板也就不必要雇人"刷信誉"了。凡此种种，或能还原网购平台的真实信誉度。

　　2014 年，网购概念日益深入人心，"信誉"的理念引起大家高度重视，但买卖双方都更要清楚地认识到——刷出"誉"不等于能刷出"信"。

2014 年 9 月 11 日

快递的明天不应只有"白菜价"

　　近些年，随着互联网普及率越来越高，淘宝网、当当网、京东商城等线上交易平台不断涌现，网络购物已逐渐成为国内居民日常生活中的重要组成部分。值得关注的是，作为线上交易最基本、最常见的运输方式，物流行业也因此得到了千载难逢的发展契机。在每位网购消费者足不出户便收获大包小裹，各家购物网站频繁刷新利润峰值的同时，以顺丰和"三通一达"为代表的众多快递公司也赚得一个盆满钵满。

　　不仅如此，伴随着天天、全峰、国通、快捷等新秀快递公司的崛起，行业竞争也变得愈发激烈。特别是在非节假日和促销活动期间，客源相对稀少，竞争压力更是进一步被凸显。于是，为了争取到更多订单，不少快递公司都打出了销售领域最简单、最普遍的王牌——降价。

据了解，此前中通曾标价北京始发，全国 5 元不限重；韵达则标价北京始发，全国 3.5 元不限重；国通更是早在 2013 年端午节期间便被爆出北京至 16 个城市为 1.5 元 / kg，且不再区分首重续重：这场由"白菜价"引发市场争夺战已渐入白热化。对此，各大快递公司总部均做出表态，称官方没有推行过降价活动。但同时，某些高管人士则认为，部分网点、站点确实有可能实施降价，而且并不令人惊讶。究其根源，其实还是市场竞争过于激烈，业务压力逐步加大所致。

据国家邮政局发布的数据显示，2013 年上半年，民营快递企业共计完成业务量达到 29.3 亿件，同比增长 70.1%；累计收入高达 404.1 亿元，同比增长 50.9%。此外，其市场份额也在不断提高，业务量、收入分别占全部比重的 76.2% 和 64.2%。但是，行业持续高速的发展。也使得各家公司制订的业务指标逐年增加，以致很多网点、站点承受的压力变得空前巨大。在这种情况下，他们不得不通过降价来保证自己在淡季同样拥有稳定的订单量。一些业内人士表示，降价只是快递公司采取的促销手段。虽然看起来背离常规价格，却能保证业务量，所以他们未必就会亏损。

不过，未来的物流行业势必进一步发展，加入竞争的新兴企业必定越来越多，快递公司的业务量自然也会持续增加。如果单纯依靠减价增量，降价幅度或将会越来越大，甚至可能造成行业间的恶性竞争。显然，这绝不是长久之计。

事实上，物流行业想要在残酷的市场竞争中占据一席之地，更应该凭借的是优质服务及快捷的运输。遗憾的是，大多数快递公司追求业务量和利润持续突破新高的同时却忽略了这些立身之本。服务方面，某些快递员在派送时态度十分蛮横，一旦联系不到收件人便会将物品随意扔下自行离开，导致快件遗失的现象时有发生。运输方面，很多快递公司不但派送过程异常缓慢，且缺乏对物品的保护意识，致使快件遭受损坏的情况比比皆是。因此，对于这个正在发展中的行业来说，强化服务意识和完善运输体系才是当务之急。

首先，公司应加强对员工的管理。例如，可以定期举办业务培训，并且时常派专人去各个网点、站点考核、监督。其次，还应要求快递员在上岗前先交纳一定数额的保证金，一旦出现客户投诉或物品遗失、损坏，则扣除其中与物品等值的金额，对客户进行赔偿。这样，就能加大对员工的威慑力度，促使其强化业务能力及职业操守。再次，公司还需要拓展运输方式。比方说，尝试同时开设空运、陆运、海运服务。如此，就能最大限度地避免天气或其他原因导致运输被迫延误的现象。最后也是最重要的，各个不同的快递公司可设法打造专属于自己的风格特色。如一家公司仅限某些地域之间的运输，或是仅限某一类物品的运输。这就能在淡化同行业竞争的基础上，给自身创造持续发展的空间。各家公司通过这些努力或能远比一味降价更加切实有效。

在网购平台日趋火爆的时代，快递的明天不应只有"白菜价"。

2013 年 8 月 22 日

若快递行业开辟上市之路

随着时代不断发展，以及科技不断进步，国内服务行业开始逐渐壮大并日益完善。其中，物流领域的发展尤为迅速，目前除了顺丰、EMS和"三通一达"，全峰、国通、天天等快递公司相继应运而生，且展现出了不俗的市场竞争力。特别是宅急送，更是已经着手寻觅能令自己大展宏图的商业契机。

前不久，宅急送对外宣布，他们将引入复星集团、招商证券、海通证券、弘泰资本、中新建招商股权投资基金，这五大投资者，试图进行战略转型。

据了解，在这次合资后，五大资本占股将达到30%，而复星集团位居五大投资者之首，他们共计投资约10亿元。对此，宅急送方面表示，企业近年来曾几次尝试转型，但最终都不太成功，导致其发展有些缓慢。此次，他们希望能借助与五大投资者进行融资的契机，加速企业发展，并且实现在 2017—2019 年的战略预期。未来，企业将在以仓配一体化业务为核心的基础上，兼顾 B2C、O2O（线上线下）、B2B（商家对商家）——这三类物流服务模式来寻求发展，同时力争做到跨境服务与快递服务的协同发展。

若能如当前的预期，宅急送或许能为国内新兴的中小型快递公司开辟一条值得借鉴的发展道路。但事实上，目前这些快递公司仍旧存在着一些亟待解决的基础问题，想要得偿所愿并非易事。

其实，目前国内快递公司面临的最重要问题是人员管理方面。由于缺乏对员工强有力的监管措施，很多公司的快递员往往难以按时完成派送，而且派送过程中因为疏忽而导致物品被延误、损坏乃至丢失的现象时有发生。不仅如此，一旦快递员与客户就派送问题发生争执，或是因其在派送过程中的过失而遭到公司处罚，他们便可能就此负气而去，这使得大量快件在一段时间内被压仓的情况同样屡见不鲜。

除了人员管理不力，很多快递公司的派送条件也不甚理想。例如，不少公司的仓储面积相对较小，运输、派送的工具更是较为简陋，一般近距离地区几乎都是使用客运或铁路运输，网点派送则基本使用电动三轮车。

这样，一方面造成快件被挤压、破损的风险较大；另一方面快递员的派送效率和派送难度也着实不小，其出现延误且时有怨气的现象自然就不难理解了。更重要的是，在这种

条件下，快递运输、派送都会受到气候变化的影响。比方说，雨雪天气造成的运输不便，室外风力过大、气温过高或过低造成的快递员派送不便都是导致快件难以及时、安全地被送达目的地的主要原因。

正因如此，想要像宅急送这样涉猎多个物流服务模式，国内中小型快递公司就必须设法尽快完善基础环节的"硬实力"。

首先，快递公司应该加强对于网点的监管力度，时时根据物流信息向客户调查他们的服务质量。同时，要在员工合约中详细、明确地设立奖惩机制和具体措施。例如，对于能够保证出勤率并及时、安全地完成派送任务的快递员可以得到多少奖励；对于服务态度不佳、造成时效性快件延误、贵重快件损坏、遗失的快递员需接受何种处罚及其需承担哪些赔偿义务；在合同期内，快递员单方面解约，需要给予公司哪些赔偿，以此培养员工的契约精神。其次，快递公司还需要进一步加大成本投入，在扩建库房的同时，尽可能丰富运输方式，实现航空、铁路、公路、海路多条线运送，从而可以依据不同的天气状况灵活地进行选择。最后，企业还要对网点派送的工具进行升级，改为使用汽车送货。如此，快递员便不会再过多受到天气因素的影响，其派送效率、安全性，以及工作的积极性都会得到提升。通过以上方面的努力或能为中小型快递公司寻求进一步发展打下坚实的基础。

2014 年，宅急送正在试图开辟一条"上市之路"——其他的快递公司能跟上这一发展步伐吗？

网购，想说爱你不容易

2014 年 11 月 6 日

实体服务急需构建升级版"防火墙"

随着时代高速发展、生活节奏日益加快、消费水平不断提升，在外奔波的人越来越多也逐渐成为一种常态。在这样的前提下，不论是出公差，还是办私事，或是假期旅行，交通、食宿等实体服务场所均在人们行程之中扮演着不可或缺的角色。

前不久，有报道称国内数家酒店的开房记录因负责保存的第三方出现疏漏而外泄，消息一出再度引发了社会大众对于客户个人信息安全的关注与热议。

事实上人们在使用线上应用软件时通常不会填写真实资料，而是用虚构的网名和虚假的电话、出生日期、所在单位等取而代之。不仅如此，当前各大网络平台都已开始推行线上应用绑定邮箱及手机的服务，能够保证客户通过更改密码快速寻回被盗的账号。这样一来，只要用户操作严谨，即便账号暂时遗失，对方也不太可能窃取多少有价值的个人信息及隐私。

实体行业则是截然相反，消费者很多时候需要向经营者提供真实资料。例如，在酒店办理入住手续，或是购买飞机票时都要出示身份证、学生证等真实证件；在饭店订餐，或是打电话叫外卖，都要报出手机号、送餐地址等个人真实信息。更重要的是，当客户提供一份资料后，并不能如线上平台那般同其他工具进行绑定，这就致使其失去了主动保护自己信息的能力，而不得不寄希望于服务人员能认真负责。在这种情况下，一旦拿到这些资料的经营者既没能妥善保存，又没能及时予以销毁，最终造成其遗失并泄露，不仅很可能导致用户遭到恶意骚扰，更有甚者还会引发一些恶性事件，进而严重影响人们的正常生活。因此，相比于 QQ、微信、微博等网络平台，消费者在实体服务场所留下的个人信息记录外泄的后果往往更加严重。

就当前的情况来看，经营者在存放用户资料时所使用的主要还是其自主研发的 WiFi 认证平台，抑或是采用外包形式，即第三方提供无线信息技术。然而，这两种保存方式都十分倚重网络的安全性。换句话说，如果系统被木马病毒侵袭，客户的个人信息就很可能失窃。以此次事件为例，尽管某酒店发表声明称事故原因是由第三方某家网络有限公司的服务器出现漏洞造成，后者也已迅速进行了修复，但对于未来如何强化用户信息管理与保护，双方均未给予明确答复。那么，怎样才能提升实体服务行业的信息安全系数呢？一些业内专家日前表示，我国尚未出台《个人信息安全保护法》，导致个人信息与个人信息权的界定仍旧不够明确，建立并完善个人信息安全的法律保护体系已是势在必行。

具体来说，法律部门需尽快出台有针对性的法律法规，对于遗失用户资料的经营者和窃取、泄露他人信息，乃至利用这些信息进行骚扰、诈骗等违法行径的不法人员予以重罚，且追究其刑事责任。另外，相关机构还要研发并逐步升级专用于实体行业的信息防护系统供其使用。同时，对于服务场所自主研发的 WiFi 认证平台和第三方提供的无线服务系统的安全性、防患措施，行业部门应加大监管力度，尝试比照消防设施安检，进行严格地审核，达标后方能准许其营业。更重要的是，消费者虽然在保护个人信息方面相对被动，但在捍卫个人权益时需要表现得更为积极。例如，一旦接到骚扰电话、诈骗短信，或是通过其他途径得知自己资料被泄露，应该第一时间选择报警；一旦得知信息外泄的原因，就要及时诉诸法律，通过运用法律武器进行维权。凡此种种，或能进一步提升经营者的安全意识，并且对那些不法人士形成威慑，从而真正提高实体服务业的信息防护质量。

在网络日益普及的今天，个人信息外泄早已不算稀奇，其带来的后果也愈发严重。如今，这一现象又有向实体服务行业蔓延的趋势。是时候了，不论有关部门、服务行业的从业者，还是消费者，都应该予以思考——怎样构建升级版"防火墙"？

2013 年 10 月 23 日

P2P 平台已拉响红色预警

随着互联网的快速、全面普及。人们的视野变得更加开阔、思维变得更加新潮似乎已成必然。在这种情况下，不少新兴互联网行业的市场前景也普遍为外界所看好。这其中，互联网个人借贷——P2P 平台更是自面世以来就一直被人们予以广泛关注。但从近期走势来看，该行业的发展并非预期中那般顺风顺水。

据业内门户"网贷之家"统计，2013 年 10 月至今，资金链断裂或倒闭的 P2P 平台已达到数十家，涉及资金约 10 亿元。

事实上，国内 P2P 平台能够在近两年得到飞速发展的一个重要原因便是从业者通过不断摸索、实践，最终创造出债权转让的新型运营模式。与传统形式的 P2P 平台有着明显不同,新模式是先由专业放贷人给借款者放款,再将债权转让给投资者,而 P2P 平台不只是在其中提供相关服务,还与该专业放贷人存在着较高的关联性。这样一来就能将借贷双方各自不同的需求结合得更好,同时减少被动等待匹配所花费的时间,以便更加主动地开展业务。于是,也就有越来越多的人将目光投向了这片新的园地。特别是对于不少中小微企业来说,门槛儿较低、到账较快的贷款模式无疑有利于其进行临时性资金周转。因此,即便成本较高,他们仍旧愿意去"尝鲜"。

然而,由于债权转让模式的信用链条过长,且 P2P 平台与放贷人的关联性过高,导致其一直遭受着诸多质疑,近期频繁出现的平台倒闭现象更是将网贷存有的隐患暴露无遗。

现如今国内的 P2P 平台明显有别于采用"净资本"管理的金融机构或信托公司。通常情况下,网贷平台软件只需几万元,甚至是几千元便可以购得,而这种极低的注册标准本身就存在很高的安全隐患。例如,不少在民间借贷欠款过多的人就通过网络平台进行虚拟借款,抑或是物品抵押,并且用高利率吸引投资人,以牟取不当利益。同时,当下许多 P2P 平台并未开设第三方资金管理服务,导致其仍旧拥有资金的调配权,中间账户基本处于无人监管的状态。这样一来,网贷平台私自挪用账户资金,抑或是卷款跑路的可能性便会大幅提升,投资人面临的风险也将随之加大。另外,由于 P2P 模式在国内发展时间较短,很多经营者对完善管理和研发技术不够重视,平台缺乏专业的管理者与技术人员,不仅难以有效地解决运营中产生的问题,造成大量坏账,更无法及时就系统漏洞、黑客攻击、修改投资人账户等恶性事件做出应对。所有这些,都严重降低了网贷的安全性。

正因如此,想要让这项新兴产业真正得到健康的发展环境,政府与有关部门亟须研究并出台一系列有针对性的法律法规,以及规章制度。

具体来说，最先应该做的便是提高网贷平台的注册标准，即推行严格、规范的审核程序，并且规定开设 P2P 平台必须到专业机构办理注册申请，而后由该机构对其进行全方位评估，直至符合标准方能营业。比如，注册资金需要达到一定数额，以作为对投资人的担保；平台必须达到一定规模，配有专业管理者和技术人员，能够做到风险防范和系统保护。此外，还应明确要求网贷平台开设第三方资金监管服务，禁止其享有中间账户资金的调配权。同时，相关部门还要时常进行审查，一经发现违规操作的平台则立即予以重罚，乃至追究经营者的法律责任。这样，或能有效缓解 P2P 平台面临的安全隐患。

　　2013 年年末，P2P 平台拉响红色预警，是时候行动起来了。

2013 年 12 月 3 日

网购，想说爱你不容易

"线上午餐"只能免费提供?

原本作为帮助互不信任的买卖双方完成交易而存在的第三方资金担保账户——支付宝平台自其被淘宝推出以来,一直深受广大线上消费者的青睐。特别是最近几年,它的线上免费转账功能更是被人们应用于交纳房租及水电费,或是给异地亲友汇款等日常生活的各个方面,不仅使用户节约了大量在银行排队的时间,还为其省下来不少手续费,创造的便利不言而喻。

前一段时间,支付宝平台宣布,针对电脑转账全面开启收费服务,这也引来诸多用户的关注与热议。这其中,质疑声尤为显得强烈。

据了解,之前支付宝为金账户用户、认证用户,以及非认证用户在一个月优惠期限内分别提供了 2 万元、1 万元和 1000 元的免费额度，优惠期内高于免费额度上限，才会按照超出部分的 0.5% 收取费用。通常为 1 元起收，25 元封顶。如今，支付宝对电脑转账进行收费后，费率降至 0.1%，同时改为 0.5 元起收，10 元封顶。另外，规定按照单笔交易收取，期间产生的所有费用均由转账方负担。对于这种变化，很多人不能认同的关键便是作为此前长时间免费的服务项目，现在突然又要收费，难免有钓鱼之嫌。

然而，仔细观察不难发现，由免费到收费，由备受好评到备受质疑，支付宝绝不是第一个遭遇这种境况的线上企业。从最早的网游到后来的邮箱再到更晚一些的音乐下载，直至最近闹得沸沸扬扬的微信软件——网络资源收费始终都是令其客户群最为厌烦的一环。既然如此，为何还有那么多线上服务行业要走上这条布满荆棘的旅途呢？

事实上，在欧美一些国家和地区网络服务收费可谓司空见惯。毕竟，不论一款小小的网游、应用软件，还是电影、音乐等资源，抑或是类似支付宝这种线上交易平台，都是其相关从业者辛勤工作的成果。盈利本就是他们努力的初衷与奋斗的目标，这一点其实无可厚非。不过，国内消费者普遍对于线上收费服务存有抵制情绪，认为将白花花的银子扔给虚拟世界就是不值。所以，多数人区分和界定一个网络资源好坏，以及自己是否使用的标准就是看它收不收费。如果收费，即便它很好也很少有人愿意尝试，而一旦运营商打出免费牌，即便它并不突出，仍旧有可能聚集起一个庞大的客户群。

于是，国内商家才会普遍倾向于先降低服务项目的研发成本，通过打出免费招牌并建立起一个有规模的用户群，再凭借不断对服务功能进行完善来稳固客户的需求度，之后抛出收费的底牌，试图以此实现赚取利润且留住用户的经营状态。客户则是从不用白不用，迈向越来越喜欢用，最后走到进退两难的岔路口，产生质疑也就成为了必然。

正因如此，网络服务运营商与之用户群的分歧表面上是由商家先免费、后收费的经营模式造成，但更深层次的原因则是由国内消费者的消费观滞后，缺乏对于线上服务消费——这种更倾向于精神层面的消费品的认知，以及网络资源研发工作者的劳动成果的尊重所导致。若要真正改变这一现状，国内消费者就必须打破固有思想，勇于接受来自虚拟世界，却具有合理性的收费服务，同时根据自身切实需求选择使用。运营商则应进一步强化市场调查，在了解客户心理及其需求，为客户提供更安全、更便捷、更高质量服务的基础上，最终令网络资源使用走向收费成为必然。凡此种种，或能使线上服务步入正轨。

一次次关于网络服务收费的争议过后，迎来的却是一次次争议更加激烈的网络服务收费。也许我们是时候想想——"线上的午餐"难道就只能免费提供吗？

2013 年 12 月 25 日

升级版"黄牛"亟待有效治理

　　春节长假如期而至，每年一度的春运也迎来了首次客流高峰。前不久，相关部门负责人透露，为了缓解"春运难"现象，我国运输部门和企业联手推行了包括挖潜增能、合理错峰、加强协同、信息公开、严控票价在内的五大针对性措施。然而，一直以来屡禁不止的"黄牛"倒票现象依旧十分普遍。

　　尽管客票销售已经更多依靠网络，且设置了诸如实名制、每张身份证一次限购一张、虚假信息订购的车票无法提取、两次购票查询不能超过 5 秒、登录和下单需要输入验证码等各种防囤票防倒卖的手段，但"黄牛"很快也将目光投向了线上并不断升级。

　　据了解，时下很多"黄牛"组织都会在网络上建立自己特定的圈子或交流群，外人很难介入。其中，圈内一些所谓的"大神"会制作抢票软件及相关补丁且按照平均每月上千元的价格提供给想要倒票的成员使用。这种软件可以一次性生成多达一千个不同的身份证号并批量添加数千份个人资料与购票信息。同时，该软件能将自动刷票的速度提升至毫秒且无须输入验证码。这样，他们便能突破线上正规售票系统设置的重重障碍，快速抢走大量车票。之后，当有人找这些"黄牛"买票时，他们便会在线退票，等车票重新上架再改填购票人真实信息，用该软件将票抢回，最终达到通过倒卖客票牟取不当利益的目的。

纵使售票系统进一步作出针对性调整，将被退的车票改为在退票后3小时内的随机时间重新上架，但"黄牛"还是能够凭借持续3小时刷票、班次出发前集中刷票和在3小时随机上架被退车票期间争取买到更多票等方式进行应对。更有甚者，有些"大佬级黄牛"还会从窗口、售票点和网络同时出手，抢票手段也非常"高效"。而且，这种人的人际关系很广，可以借助销售方内部人员在对外出售之前就将票拿到。最关键的是，这些"黄牛"并不畏惧公安机关的打击。因为即使被抓，通常不过是罚款几万元，而一次客流高峰为不法分子带来的利润高达数十万元，"黄牛现象"如此严重也就并不奇怪了。

究其根源，"黄牛"猖獗反映的还是网络售票制度不够完善，缺乏有力度的防刷票措施。简单地说，就是售票系统跟不上刷票软件的升级速度。其实，不仅仅是抢购车票，国内很多线上运营商在限制网络投票、网购秒杀、网络游戏等多个领域的作弊软件的过程中都存有或多或少的问题，成效也每每令人不甚满意。这说明，行业人士在进行网络安全建设时，精力更多集中于防火墙升级、木马病毒查杀，以及恶意插件防护等环节，而对于刷票机、抢购软件、游戏外挂这样的"作弊器"缺少足够的重视。此外，目前我国法律对于"黄牛"的约束力不够，无法给其形成有力打击，这也在很大程度上助长了"黄牛"的嚣张气焰。所以，设法尽快研究并出台一套成体系且确实行之有效的"防黄牛"措施已成为行业部门必须完成的重任。

强化网络售票的系统防护、及时升级防刷票系统，从根本上杜绝刷票软件，无疑是最理想的结果。但是，这也需要业内专家和科研人员的长期努力方能实现。就当前来说，最先应该做的便是请公安机关介入，加大对虚假身份信息的排查力度，同时利用高科技手段寻找这些"黄牛"在线上的交流圈子并予以查处。销售方也要进一步加强对内部从业人员的管理，并且引入问责制度。如果出现客票提前外泄的情况，则对其进行重罚。另外，有关部门还应尝试在类似春运这种客流高峰期大幅提高退票手续费的方式，迫使不法分子放弃抢票—囤票—退票这种二次抢票的倒卖流程。更重要的是，司法部门要尽快出台有关的法律法规，将"黄牛现象"上升至网络犯罪的级别，一经发现不仅要予以经济重罚，还要追究"黄牛"的法律责任，从而在真正意义上起到警示作用。这样或许能有效治理升级版"黄牛"。

除夕如约来临，2014 年春运的第一次高峰期也已逐渐过去。几天之后，今年春运的又一次高峰期便会到来——应对"黄牛"是时候加快脚步了。

网购，想说爱你不容易

2014 年 1 月 30 日

线上交易该如何走出"错价门"

最近几年，以淘宝网、京东商城等大型购物网站为代表的线上交易平台逐渐成为人们日常生活中的重要组成部分，并借机快速发展。但与此同时，因网购相关条例不够完善而引发的交易纠纷也时有出现。2014 年新修订的《中华人民共和国消费者权益保护法》还特别为进一步完善线上交易模式、保护消费者合法权益而增加了网购反悔权，规定经营者采用网络、电视、电话、邮购等方式销售商品，消费者有权可自收到商品之日起 7 天内无理由退货。

但事实上，这种反悔权虽能加大售后对买家的保护力度，却仍旧不能有效地解决其在售前面临的诸多问题——例如"错价门"。

前不久，曾有网民爆料联想旗下的某款平板电脑同时在联想官方商城及京东商城被半价出售，海量客户随即涌入该线上交易平台并进行抢单，整个过程持续了近 10 个小时。此后，联想方面给出解释，由于工作人员出现失误，导致这款售价 1888 元的联想 S5000 平板电脑（3G 版）被错标为 999 元，且因联想官方商城的系统合并升级而使得京东商城同样以错价出售该商品。

其实类似的"错价门"现象早已屡见不鲜。2009 年，戴尔曾因多款产品标价错误且拒绝以错价发货而遭到监管部门的处罚；2011 年，当当网也曾错将商品折扣数据录入价格栏，致使产品价格出现错误，随后单方面取消订单并一度被消费者告上法庭；亚马逊也曾在 2009 年和 2012 年数次陷入"错价门"，之后取消订单也令很多消费者强烈不满。

当然，并非所有商家在标错价后都会选择单方面违约。2004 年，IBM 公司将原价 1500 元的光驱错标为 1 元，但最终还是照常发货。至于此次陷入"错价门"的联想也已经表态不会取消订单，而按照多达 11 万台的订单量推算，他们将损失约 1 亿元。

既然"错价门"会造成如此严重的后果，为何还会有这么多知名网购平台先后"失足"呢？

实际上，这主要还是源于目前国内的法律条款不够完善，缺少关于"错标价商品"的鉴定措施，以及此类产品是否必须在买家下单后如约发货的明确规定。所以，商家普遍认为线上购物合同是否成立取决于他们是否确认发货。也就是说，在卖家看来，只要自己尚未发货便有权取消订单。这样一来，商家就可以不必为自己的过错埋单，甚至可以通过先大幅降价再取消订单的方式进行虚假炒作，这样不仅对消费者极不公平，更不利于线上交易模式的稳定运行。

从另一个角度说，缺少关于网购商品错标价的相关法律法规也会给商家造成许多不必要的麻烦。毕竟，员工操作偶有失误实属正常，但错价商品上架后，必定将吸引庞大的用户群体前来抢购。若商家因无法承担这一损失而取消订单，除了自身信誉严重受损，还有可能遭到监管部门的处罚，乃至惹上官司；若商家如约发货，则不得不承受巨额经济损失：这对卖家来说同样有失公允。

那么，相关部门应该从哪方面着手进行改善，以求将线上交易带出"错价门"呢？

具体来说，法律部门需尽快出台有针对性的法规条款。例如，规定一款商品上架 24 小时后才能交易，一旦产品可以交易，商家则不得再以任何理由单方面取消订单，如果违规则给予高额罚款、降权等重罚。这样，既能限制商家蓄意炒作并违约，有效维护消费者的切身利益，也能给卖家充裕的纠错时间，避免其因无心之过而承担不必要的损失。同时，科研部门也需借鉴现行网络公共平台的注册系统，尝试开发一些标价认证板块，即商家标价后需再次标价确认方能生效，以求降低人工失误的概率。另外，购物网站的从业者还需加强行业自律与监管力度，设法通过多人合作、多人核对的方式确保上架商品的主要信息准确无误。凡此种种，或将有助于防止"错价门"的进一步蔓延。

有了网购反悔权之后，我们更应思考——线上交易该如何走出"错价门"？

2014 年 4 月 10 日

微博盈利尚未稳定

近几年，随着互联网迅速在全球范围内得到普及，很多优秀的线上应用平台也被快速推广至世界各地。其中，借鉴欧美地区较为盛行的社交网络 Twitter（推特）开发而成的微博便在中国获得了极大成功，不仅一举占据了国内社交媒体领头羊的位置，更是成为诸多大型门户网站盈利的王牌。

然而，在这样一个快节奏、高科技的时代，任何应用平台都很难保证长期占据市场前沿。即便像新浪这样拥有海量用户且已经成功上市的微博平台，也绝无例外。

前不久，新浪微博公布了上市后的首份财报。报告显示，微博上市第一季度共计净营收约 6750 万美元，同比增长 161%。这其中，受益于社交展示、电子商务和阿里巴巴战略联盟信息流等广告业务，新浪微博的广告与营销营收骤增至 5190 万美元，较去年同期增加约 3310 万美元；在微博增值服务营收方面，新浪也因得益于会员、游戏及新近开设的数据授权等业务而获利达 1570 万美元，比 2013 年同期提高约 860 万美元。但是，在归属上市公司部分，新浪微博则净亏损多达 4740 万美元，同比扩大 146%；合摊薄后每股净亏损 0.31 美元，较 2013 年同期下跌 0.18 美元，特别是包括与阿里巴巴投资微博相关的投资者期权负债公允值调整在内的非运营亏损，高达 4020 万美元。这些数据表明，微博在带来利润的同时也会带来一定程度上的亏损。对网站而言，它并非稳赚不赔的盈利王牌。

其实，作为一款社交媒体应用，微博的核心功能与论坛、贴吧无二，都是旨在为人们提供一个相对开放式的交流平台，但比起这些同类产品，微博显然更进一步——推行了实名认证系统与相关应用研发。前者不仅使得大批知名人士和机构进驻网站，提升了平台的知名度与影响力，也让用户之间的交流变得更加真实、透明；后者则让微博的内涵变得更为丰富，使用方式更加多样化。不过，这样一个通过不断升级、完善而成的应用平台虽备受用户青睐，却也具有较高的运营成本。例如，新组件开发、名人微博推广等，就都需要长期的资金支持，而单纯依靠广告收入很难帮助运营商获得稳定利润。因此，微博从完全免费走向部分业务收费已是必然。

但问题是大多数国内用户的消费观念与运营商的经营策略之间存在较大偏差，他们不太可能轻易接受这种先免费推广，等到建立稳定客户群后再收费的运营模式。所以，很多用户会尽可能避免使用微博的收费业务，哪怕他们的使用权限会因此变得极为受限，哪怕他们只能将其视为限字 140 的论坛或贴吧。甚至有的用户还会通过弃用微博，改用其他应用平台来抵制收费服务，进而造成平台用户流失。以新浪微博为例，虽然服务业务收获了一些利润，但对比广告业务的盈利幅度仍旧明显处于下风，这就导致其很难长期稳定地获得高额利润。

正因如此，各大门户网的微博运营商应进一步做出改变。一方面，商家需要设法最大限度地提高收费服务的质量而非数量，并且充分展现收费应用的独特性，以求使相当一部分用户有足够的理由说服自己去掏钱尝鲜；另一方面，商家应该尝试在微博之外开发其他人气线上应用业务，将网站盈利的资本分散化，做到倚重却不单单倚重微博——这一个平台。凡此种种，或能令微博在门户网"住"得更久，"住"得更稳。

2014 年 6 月 5 日

网购：想说爱你不容易

在线销售电影票需有服务保障

近年来，随着互联网的普及度越来越高，国内居民利用网络寻求便捷服务的意识正逐渐被强化。各类线上服务平台也相继应运而生，其中，一些同电影行业相关联的线上售票服务的迅速兴起十分引人关注，甚至一些电商巨头都已开始涉足这一领域。

部分行业机构和业内人士预言，按照目前的发展趋势，未来三年线上售票市场的整体份额将超过国内电影票房市场总额的 50%。

在线销售电影票之所以能快速赢得广大消费者的青睐，最主要的原因就是便捷。举例来说，如果用户通过网络平台购票，只需完成在线选座、在线付款两个环节，就能凭借验证码直接去影院终端机上取票，其过程仅仅用时几秒钟。与之相比，传统影院排队购票则非常耗时，且往往买不到理想的座位。另外，价格差过大也是造成线上售票渐渐占领市场的重要因素。目前，国内高档院线放映的影片在火爆档期的票价约为 100 元 / 张，但线上购票通常仅需半价就能获得。特别是电商介入该领域后，更是经常通过价格战吸引消费者。2014 年妇女节期间，各大电商一度推出过"3.7 元看电影"的促销活动。

然而，线上售票虽赢得了越来越多的消费者的认同并拥有非常可观的前景，但目前仍处在起步阶段，面临的问题也着实不算少。

据了解，在线售票时下存在的最主要问题就是成本太高。当前，用户在线上平台购票需缴纳 3 元服务费，但服务商需要将其中 1 元支付给负责票房统计的相关售票系统，以求与之合作并进入售票系统。硬件方面，一台取票机造价就在 2 万元左右，使用寿命约三年，期间维修、换新等费用均要由服务商承担。再加上制作票纸，给用户编辑、发送相关信息等开销，服务商大概只能通过每张票得到 0.4 元的利润。但是，这还只是常规性支出。对服务商而言，线上售票并非仅仅雇人在网上卖票这般简单，还要同影院、赞助商、用户等多方面建立良好的沟通，打通每一个环节，并且确保这些环节能相互配合，产生良好的化学反应。这就要求服务商旗下的员工必须具备较强的业务能力与执行力，人力成本自然可见一斑。

另外值得一提的是，近两年越来越多的电商看到了线上售票的潜质。他们纷纷进入这一领域并大打"价格战"，不断通过拉低票价争取用户。这不仅给原本就已经处于高投入、低产出状态下的线上销售平台施加了极大压力，也间接制约了市场的良性竞争。那么，线上销售电影票究竟该怎样走向成熟呢？之前有业内人士分析认为，尽管电商"财大气粗"，能够依靠低廉的票价快速抢占大量市场份额，但从长远来看，在线售票终究还要靠优质的服务才能真正赢得固定的用户群。特别是要争取做好衍生服务及特色活动，给用户最佳的观影体验。例如，在不久前《变形金刚4：绝迹重生》热映期间，某线上售票平台就曾与某跑车俱乐部合作推出了豪华跑车接送部分影迷观影的活动。

但问题是，这种活动实际上属于现象级，它既不能满足所有用户，也并不适用于所有影片。所以，想要发展和维护更广大的客户关系，商家还是应该从最基础的方面入手，建立起长效的服务机制。例如，服务商可以尝试为在线购票的用户预订出租车，或者是为有车的用户预订停车位。同时，服务商还可以尝试同影片赞助商、投资人建立合作，开发一些影片的周边商品，诸如明星签名海报、主题日用品等，出售或附赠给在线购票的用户。更重要的是，服务商应该尝试同各大影院合作挖掘经典电影的深度。比如将每家影院的一个厅专门作为"经典电影回顾"，重放一些经典影片，而这些重放的影片只能在线购票观看。这样，不仅能引导不同年龄、不同阶层的人都来使用网络购票，还能让经典影片的价值得以最大化的展现。凡此种种，或能令销售售票平台得到稳定运营。

2014年，在线售票已成为国内电影市场的主流销售模式，但它还有非常大的用户空白等待挖掘。正因如此，行业部门及相关从业者才更应该予以思考，如何使这一新兴服务业长期、稳定地发展下去。

2014年7月24日

网络售票应做到安全与便捷并存

2014 年的暑期长假即将进入尾声，全国各地将相继迎来学生返程高峰，各个班次的火车票、飞机票也将再度呈现出脱销的现象。在这种情况下，通过网络平台购票便成为了很多人的不二选择。但近来很多人反映，原本带给乘客便捷服务的线上售票系统，并非他们想象中那般方便。

"原本网上购票就图一个方便，不用冒着炎热的天气跑去火车站排队买票。可现在先要到火车站去核验，才能在网上购票。"之前，一位接受采访的乘客这样表示。

据了解，这些乘客反映的现象在 12306 网站确有发生。当用户在购票网站注册自己的资料并购票时，页面就会弹出"身份信息'待检验'，需要用户持本人身份证去火车站进行检验后，方能在网站买票"的提示。对此，12306

网站的客服人员表示，因为他们尚未同相关部门的身份信息系统形成即时联通认证，仅仅是对之前使用真实个人资料在该网站购票的用户予以记忆储存。所以，如果是老用户买票，他们便能通过信息库中的资料提取来快速完成验证，而新用户则只能去火车站进行验证，使信息库添加其身份资料。同时，客服人员还表示，为了方便新用户进行验证，目前国内很多火车站都已经开设验证专用窗口，各大代售点也能进行验证，以此提高验证效率，方便新注册的用户。

尽管如此，还是有一些乘客不能理解。在他们看来，验证信息的过程虽只有两分钟，但去往火车站或代售点及在外排队时间则普遍需要几十分钟，甚至一两个小时，这样的线上购票毫无便捷性可言。这也引出了另一个问题——为何买火车票不同于买飞机票或在线购物，非要进行人工验证？

事实上，单纯从技术上实现在线身份认证并非难事，只要12306网站与相关部门的身份信息认证系统形成联通即可。但问题在于，购买火车票是相当一部分国内居民的刚性需求，当他们需要异地出行时，搭乘火车几乎是第一选择。特别是随着飞机延误的现象愈发普遍，动车、高铁迅速发展，人们对于火车的认可度早已远远大于其他长线交通工具。换个角度说，倒卖火车票对于"黄牛"而言，利润也就较倒卖其他票券大得多。此前，很多"黄牛"都看准了线上购票这块蛋糕。他们可以通过使用特制的"刷票软件"自动生成身份信息并快速抢票，等倒卖成功后，便利用该软件退票，再用买家真实的身份信息将票抢回，以此实现牟利。因此，如果12306网站将购票用户的身份认证环节全权委托给电脑，势必会令"黄牛"觅得可乘之机。相对来说，面对面的人工认证无疑更加严谨。

不仅如此，由于火车具备较高的实用性与普及度，售票网站时常会在短时间内面临海量用户同时抢票的现象，其复杂程度和遭遇突发事件的概率要高于一般在线消费系统，使用线上验证的实际操作难度也更大，这同样是 12306 网站对新用户采用人工认证的原因之一。那么，作为网络购票平台，他们又该如何提供其理应具有的便捷性服务呢？

想要在通过人工验证抵制"黄牛"倒票的前提下，保持在线买票特有的便捷优势，还需多方的共同努力。例如，售票网站可以尝试推行"线上视频人工认证系统"，即负责进行认证的工作人员通过 QQ 等互联网聊天工具与用户进行视频连线，既能实现面对面人工验证，也能使用户足不出门。同时，行业部门也要设法降低验证难度。例如，可以尝试在火车站增加验证窗口，或是在各个单位、学校、居民住宅区、公共场所增设一些能够提供认证服务的代售点，以求让乘客于最短时间内完成认证。另外，监管部门与互联网运营商也要加大对于"网络黄牛"的打击力度，从根本上解除售票网站的后顾之忧。凡此种种，或能真正使网络售票做到安全与便捷并存。

新学期将至，又一轮客流高峰即刻到来，售票网站也好、行业部门也罢，抑或是监管部门和互联网运营商：是时候行动起来了。

2014 年 8 月 28 日

网购，想说爱你不容易

国产日化品牌难抱"海外大腿"

随着经济全球化时代的到来，越来越多的海外商家看准了中国市场的无限潜力。他们纷纷来此抢占这片"战略高地"，以求使其商业品牌的竞争力与影响力能够不断得到拓展。与此同时，不少国内商家也在积极地寻求同国际知名企业进行战略合作的契机。尤其是在日化行业，很多较有知名度的国产品牌渐渐被国外大公司收购，一度引起了各界的关注。

不过，这些被人们戏称为"成功嫁入海外豪门"的国产品牌并非全都能得到预期中的美好明天。更多时候，本土日化商品似乎难逃遭弃的命运。

前段时间，国际知名化妆品行业巨头，同时也是全世界最大的香水公司——科蒂集团通过其全球官方网站发布了一条有关中国区业务架构的调整公告。公告称，自2014年7月起，科蒂集团将停止销售丁家宜产品，转而通过利丰集团在中国代销阿迪达斯、花花公子、芮谜（Rimmel）等商品。也就是说，作为之前风风光光地被科蒂收购的中国日化品牌，丁家宜不得不接受被扫地出门，乃至淡出国内化妆品市场的现实。

据了解，此前科蒂之所以收购丁家宜，最直接的一个原因便是看重其以防晒霜和洗面奶等护肤品为主的产品线具有相对完善的国内分销渠道，特别是在二、三线城市及乡镇地区拥有较强竞争力。科蒂希望能凭借丁家宜占领这块市场并进一步扩大自身的国际影响力。另外一个更深层次的原因则是科蒂集团试图抓住收购中国知名日化品牌的契机，在这里大力推广自己旗下的阿迪达斯等商品，以求进行商业拓展。

但近两年，被收购的丁家宜品牌业绩却在持续走低。数据表明：2012年，丁家宜销量共计下跌50个百分点；截至2014年3月，因丁家宜账面减值而导致的科蒂三季度亏损金额高达2.533亿美元；丁家宜所处的皮肤与身体护理部门三季度共计亏损多达3.169亿美元。这不仅造成科蒂中国区业务无法达到预期，还对集团总利润造成了影响。所以，科蒂必须重新寻找能够让自己继续于中国市场生存的方式，丁家宜遭弃自然就势在必行了。

然而，除了丁家宜，之前被欧莱雅收购的另一国内知名日化品牌——小护士同样渐渐退出了市场，而被强生收购的大宝业绩也开始呈现出下滑趋势。在一些业内专家看来，诸多国产日化品牌先"嫁入豪门"再遭弃，当然有其自身因素，但同时也说明，外资企业来华收购中国品牌不只是为了抢占市场、扩大影响力，也有顺带消灭其在该地区竞争对手的意愿。因此，如果没能细致、认真地寻找适合自身发展的战略合作对象，而盲目地"抱上海外大腿"，势必不利于国内日化行业的成长。

丁家宜、小护士，以及销量增速放缓的大宝的经历无疑值得国内企业借鉴。一方面，这些企业在寻求同海外知名品牌合作时，需要对自身未来的发展，尤其是在中国市场的发展前景进行详细地调研、分析和规划；另一方面，企业应该在被收购后，向这些海外品牌公司争取包括人才培养、产品设计、企业管理等方面的技术支持。同时，企业还要加大在产品创新、技术人才引进和培养、提高产品质量等环节的投入，实行科学的成本管理、制定科学的考核机制，增强管理者的责任意识，调动员工的积极性，不断对商品进行完善，以求保持自身的市场竞争力并得到可持续发展。

要知道，被收购的国产品牌若是业绩火爆，带动的是其母公司的业绩和国际影响力。那么，这些外资企业又有什么理由让它们退出市场呢？正因如此，对于国产日化品牌而言，"抱海外大腿"并不容易，提高自身竞争力才是生存之本。

2014 年 7 月 3 日

如何看待化妆品消费中税与成本的关系

最近一段时间，有关国内化妆品税目分类将重新进行调整的传闻不断。尽管相关部门尚未就此事予以证实，但在一些权威人士看来，国内化妆品的确有可能被区分、界定为一般化妆品与高档化妆品，并且不再对前者征收消费税。

此前，有关部门负责人曾提到，最近要实施的财税改革重点和方向，继续完善消费税改革方案就是其中的重要内容。这也被外界认为是我国或将调整消费税的一个信号。

如果真的调整消费税，将会以"把部分日常生活用品移出征税范围，转而将高污染、高能耗产品及奢侈品纳入征税范畴"为基本原则，从而真正使消费税成为对那些不利于环境保护的商品、高档消费品、奢侈品起到限制作用的税种。具体到日化行业，由于目前在我国生产和进口化妆品均需被征收 30% 消费税，导致国内化妆品的总体价格一直处在偏高的状态。不过，一旦这些化妆品的类别能被加以区分、界定，同时取消对一般化妆品的征税，便可以为商家节省大量成本，其市场价格也许会随之下调，这无疑会更好地激发出消费者的购买欲，提升化妆品领域的消费能力。

对此持乐观态度的人们甚至认为，2013 年，中国的化妆品市场规模接近 1000 亿元，年增速达 15%。如果一般化妆品价格再有所下调，市场势必会继续得到扩容。然而，在持悲观态度的人们看来，即便调整了消费税，是否降价的主动权仍旧掌握在商家手中。

实际上，很多人不看好化妆品会降价最重要的原因就是取消征收消费税针对的是一般化妆品。对高档化妆品，特别是一些国际知名品牌来说，这种调整带来的影响并不大，他们也不太可能下调商品价格。毕竟，一方面，这些大型外资企业需要为产品支付知识产权、研发、包装、广告等各项费用，成本相对较高；另一方面，他们需要通过更高的销售价格来保障其品牌形象与市场定位。不仅如此，在日化行业，通常涨价潮时，商家会集体提价，而到了降价潮时，往往很少有商家会选择跟风。所以，即便消费税政策出现新变化，商家也很可能先观望一段时间，再根据市场走势制定其发展战略和重新定价，根本不会盲目调价。另外，不同品牌的化妆品风格特点大相径庭，适用群体更是各不相同，长期使用一个品牌的用户也很难因另一款产品取消消费税便改换门庭，这同样不利于拉低国内化妆品的市场价格。

未来，若要调整化妆品的消费税，怎样使商家更多的予以让利，进而使消费者能够真正受益，还需要有关部门仔细进行斟酌。

具体来说，有关部门最先需要明确区分、界定一般化妆品与高档化妆品的范围，使商家清楚生产什么类别的化妆品能通过减免消费税来节约成本，同时也让消费者能充分了解什么类别的化妆品的消费税是零税率。这样一来，商家和消费者就能对产品有一个合理的价格预期，并且逐步达成共识，使买卖双方形成相对一致的价格定位。此外，有关部门还应该尝试对那些在取消消费税范围内的化妆品企业进行引导，使之将节省的成本最大限度地用于让利消费者，以求使国内化妆品的市场价格变得更加合理、稳定。凡此种种，方能使消费者得到收益。

2014 年 7 月 17 日

网购，想说爱你不容易

如何应对全球化购物时代

近些年，互联网在国内居民工作、生活中的戏份儿越来越重，几乎可以遍及任意领域。面对这一契机，各大电商纷纷着手开拓市场，以求建立属于自己的时代。尤其是在网购平台渐渐被人接受，发展日益成熟之后，商家已开始尝试进一步跟上时代的步伐，将"全球购物"的概念注入消费者的潜意识中。

相关信息表明，2013 年，我国消费者通过网络平台跨境购物的总金额达 350 亿美元，而能够提供跨境购物服务的电商约 200000 家。

据了解，线上跨境购物之所以会迅速扩大规模，最为直接的原因便是价格较具吸引力。以往人们在国内专卖店能买到的洋品牌从海外至境内需经过一条漫长的销售链条，中间商也要逐层提价方能盈利。这就致使人们在店面柜台上看到的进口商品无一不是贵得离谱，普通消费者只能望而却步。如今，线上平台提供了两种新型跨境购物的方式："海代"——消费者可以请电商帮助自己在国外代购心仪商品；"海淘"——消费者可以直接去国外的购物网站下单购买心仪商品，再由快递直接派送至境内。不论消费者选择哪一种，都能省去中间环节，因此价格也就相对专卖店便宜了许多。

此外，还有一个更深层次的原因，那便是随着网购的概念及其便捷性逐渐深入人心，人们正在悄然转变着自己的消费观念。现在，很多国内消费者在海外购买的物品并不仅仅局限于皮包、化妆品、服装，还会包含纸尿裤、食品、家电等日常生活用品。这说明，在条件允许的情况下，人们开始乐于将新型购物方式变得常态化，并且加强了追求高品质生活的主观意识。然而，这种新型的购物模式虽能使人们的消费途径变得更加丰富，生活品质变得更高，却也带来了一些问题。

这其中，最为引人关注的当属如何对这些海外商品进行真伪鉴别及质量检测。目前，不少海外网购平台都声称自己销售的商品可以在中国境内的同品牌专卖店进行真伪鉴定。但实际上，这样的鉴定对于专卖店来说基本不会创造什么利润。不仅如此，一旦因鉴定不准确而导致买卖双方产生

网购，想说爱你不容易

纠纷，或将给专卖店带来不必要的麻烦。所以，国内的品牌专卖店并不乐于帮助消费者鉴定在其他店铺购买的产品，更不用说是在国外购买的产品了。同时，由于跨境购物距离太远、运输时间太长，存在卖家发送劣质产品、商品于运输过程中破损或变质等风险，而一旦买家收到问题商品，想要跨境维权就需要花费非常高的成本。站在消费者的角度看，坚持维权无疑会得不偿失。

另外值得关注的是，跨境购物的规模越大、市场占有率越高，就意味着越来越多的人倾向于经常去海外购物，甚至有可能将在国外购买日常生活用品趋于常态化。不过，从某种程度上说这也代表着国内消费者对于国产商品和国内消费的热情正在降低，以至于宁愿承受真假难辨、维权不易的风险，也要把钱花到国外去，这势必会给国内商家造成较大冲击。正因如此，怎样做到既能完善跨境购物的真伪鉴定、质量检测、运输保障等相关体系，降低买家被侵权的概率，又能给予国内消费市场一定保护，使得国内购物与跨境购物得以相互兼容、相互促进，共同实现可持续发展，这应成为相关部门在未来一段时间内的工作重心。

其实，有关部门应该尝试通过海外市场调研，寻求同国外知名品牌商家、电商平台建立合作等方式，制作一份可信赖的境外店铺名单。如果国内消费者在这些"可信赖"店铺购物时遭到侵权，便可以向行业部门进行举报。若情况属实，则将其拉入黑名单，使人们一目了然。同时，还要尝试对国内品牌专卖店提出明确要求，令其将提供真伪鉴定服务加入到经营范畴之中，方便消费者"验货"。另外，还要进一步强化物流行业，尝试打造更多具备跨境运输能力的快递公司，以求缓解物流的派送压力，提升物品运输过程中的安全系数。不仅如此，检验检疫部门也要加强对于境外商品的质量检测，一旦发现劣质商品则禁止入境，进而使消费者能够直接向海外商家维权。最重要的是，相关部门应对个人通过跨境购物的消费金额给予一定引导。比如，同一银行卡账户每年在国外消费不得超过 50000 元。这样一来，就能对国内消费市场形成很好的保护。凡此种种，或能引导国内消费者建立"内外兼修"的正确消费观。

步入全球化购物时代，我们准备好了吗？

2014 年 8 月 14 日

网购，想说爱你不容易

国内消费市场流行色更替进行时

又逢岁末，一年一度的央视黄金资源广告招标会如期而至。与往年一样，这项有着"中国经济形势晴雨表"美誉，以及国内最大规模的广告竞购活动吸引无数人的关注。据悉，此役央视方面虽未对外公布详细数据，但表示招标总额依旧在稳步提升。

更值得注意的是，曾在2013年央视广告招标会中抢尽风头的食品企业这次势头骤减。特别是被誉为"土豪"的白酒企业竟然全部退出竞标。

其实，自中央推行八项新规，有效杜绝公款吃喝、互送节礼等不正之风以来，国内白酒市场的热度便持续呈现出下滑趋势。在这种情况下，继续花费巨资投放广告将很难达到预期中的效果，想收回成本并盈利更是难度极大。

从另一个角度说，这些登上过央视荧屏的白酒品牌原本就具有不小的影响力，经过之前长时间的广告宣传，实际上已经深入人心。即便没有广告效应，其在私人消费领域依旧具备不错的竞争力。所以，各大酒企放弃在央视进行宣传，以求降低成本，不失一种更加务实的经营策略。

不仅仅是白酒企业，其他一些高档食用商品品牌在本次央视招标会中的投放力度也都不及以往，而啤酒、饮料企业逐步走向荧屏中央。

据了解，除了青岛啤酒凭借 8320 万元购得《新闻联播》时段 10 秒广告播放权外，加多宝、健力宝分别掷出 5509 万元与 2876 万元摘下了 2014 年世界杯赛事直播第一段正二、正三广告位置的播放权，而像燕京啤酒、露露、王老吉等多家同行业知名品牌也均有斩获。更加令人眼前一亮的是，诸如上海大众、东风锐达起亚、克莱斯勒这样的车企也参与到央视广告投放的争夺战中，且不乏抢眼的表现；国美电器则以 1.3131 亿元夺下《我要上春晚》的冠名权。这些例子都证明央视黄金时段的广告已不再是食品行业一家独大。

然而，仔细观察便能看出，今年脱颖而出的很多啤酒、饮料和汽车企业之前鲜有登上央视重要广告时段的记录，加多宝、国美电器这种大户过去在同白酒及其他食品企业的竞争中也不占优势。

正因如此，这些行业能够在本次招标会中集体加大投入，说明饮料、电器，乃至私家车等消费品的市场需求量已变得越来越大，其影响力和竞争力逐渐提升，企业有必要进一步加强推广，寻求更多拓展的契机。但是，这其中更深层的意义则在于体现出了居民消费观念的转变，证明人们不再单纯地满足于吃好喝好，而是要在吃喝健康、节俭的基础上，建立起从各个方面提高日常生活质量的积极消费意识。这无疑将大幅度促进不同行业间的良性竞争，使消费市场真正呈现出百家争鸣的局面，进而推动国内经济的发展。

如果说，每年的央视黄金时段广告招标会是"中国经济形势晴雨表"，这次它显示的就是国内消费市场流行色正在更替——不再只是吃吃喝喝，而是百花齐放。

2013 年 11 月 27 日

无规则不成方圆

离娄之明，公输子之巧，不以规矩，不能成方圆。

——战国·邹·孟轲《孟子·离娄上》

限过度包装"国家标准"谁来监管

作为各大商家提升产品吸引力、赚取高额利润的最重要方式之一，华丽外包装一直以来都是国内消费市场的大多数商品不可或缺的组成部分之一。特别是近些年，随着人们在养生、美容、保健等方面的消费意识越来越强，以高档补品、保健品、化妆品为代表的产品更是不断升级着自身奢华的"外衣"，成为"卖包装"现象的缩影。

前不久，有媒体报道称，2014 年十一黄金周期间市场上外表重于实质的商品进一步变得普遍，这也引起了不少人的关注。

据消费者反映，时下部分地区的大型商场中都存在诸如茶叶、酒品、服装、电子产品等包装过度的现象。尤其是化妆品的包装更是严重超标。例如，一管几厘米长的护肤品，外部的包装盒的体积却多出产品本身十几倍。很多顾客往往在初次看到这种大盒装时，会觉得很划算，但买过之后方知是"华而不实"。不仅如此，一组数据也很能说明问题：目前我国每年生产约 12 亿件衬衫，其中约 8 亿件使用纸盒包装，需耗纸约 24 万吨；在我国的城市垃圾中，约 1/3 属于商品包装，其中约半数属于过度包装。

事实上，我国早在 2010 年便已经推出《限制商品过度包装要求——食品和化妆品》国家标准并开始实施。标准明确规定食用商品、化妆品的外包装不能多于三层，且包装的空隙率不能超过 60％。最重要的是，包装的成本不能高于产品售价的 15％。那么，为何市场上还会有这么多超标商品呢？

造成这种现象的最直接原因便是不少商家为利欲所驱使。他们寄希望能通过美化产品外观来提升产品档次，并且以此来抬高销售价格，从而赢取更多的经济利润。举例来说，单独一支护肤品、一件衬衫、一瓶保健药看上去并无多少卖点，而一旦在外面加入一款大型包装礼盒，立刻就会给人一种"高大上"的直观印象。如此，即便销售商狮子大开口，也不愁没人买账。但是，从更深层次的角度来分析，这也反映出现今人们在消费观方面存有较为严重的误区。很多消费者总是认为商品包装的档次与商品实际的价值成正比——只有购买那些外表奢华的产品，才能物有所值，才能保真、保质，才能有面子。这也在一定程度上说明，正是买家自身这种过分注重形式，甚至有些贪慕虚荣的心态，使得卖家靠过度包装牟利的想法变成了现实。

在一些业内专家看来，包装除了能够延长商品保质期、避免运输过程中损坏等基本功能，其实并无更多实用价值，而想要于当今这样一个"眼球经济"的时代最大限度地杜绝这种浪费现象，需要多方面的共同努力。

事实上，其他一些国家同样面临着商品包装超标的问题，但他们及时建立了垃圾收费制度，对于限制因包装过度而产生的浪费起到了不错的效果。因此，有关部门应该予以参考和借鉴，尝试在已有《限制商品过度包装要求——食品和化妆品》国家标准的基础上推行一些监管和处罚措施。例如，由管理机构时时对市场上的各类商品进行检查，一经发现商家对旗下产品进行过分包装，则对其给予没收超标商品、罚款等处理，以此引导商家将产品包装务实化。同时，商家也应及时建立起节约、环保的经营意识，削减用于商品包装上的成本投入，转而将主要精力用于产品研发、升级、生产安全等环节，以求凭借实打实的质量优势竞争市场份额。另外，消费者也应及时纠正自身错误的消费观，培养重品质不重外貌的购物意识。若那些外表奢华的商品无人问津，商家自然也就不会再费力装扮它们了。凡此种种，或能有效缓解过度包装造成的浪费现象。

　　2014 年，国内消费品正需弃掉"华丽的面纱"。

2014 年 10 月 23 日

无规则不成方圆

广告不能只"看脸"

随着电视和互联网越发普及，广告也渐渐成为诸多商家宣传、推广旗下产品的最核心方式，而各种新颖的广告创意相继应运而生，更是使得这类宣传短片变得丰富多彩。毫不夸张地说，很多广告自身充实的内容已经较其推广的产品更能引起观众的兴趣。特别是由明星代言的品牌广告，赢得了无数观众的青睐。但是，明星代言广告虽然有利于商家促销，却也有很大风险。一旦产品出现真伪、质量等方面的问题，不仅明星难脱虚假宣传之嫌，更会令消费者蒙受较大损失。

前不久，全国人大常委会审议的《中华人民共和国广告法》（修订草案）（以下简称《广告法》（修订草案））规定，明星做广告必须自己先使用代言的产品，并且承担一定责任。消息一出，很快引起人们的热议。

据了解，明星代言广告早在近十几年间始终存有一些争议，涉及的名人也着实不算少。2001年，一位消费者便以"同样穿上北极绒内衣，广告中被冰冻的赵本山毫发无损，自己却冻得要死"为由将喜剧明星赵本山告上法庭；2004年，刘晓庆代言一款名为番茄胶囊的保健品，并且签下了"我推荐番茄胶囊"的宣传语，但消费者服用后不仅没能起到应有效果，还出现不少副作用，随即将这位知名演员告上法庭；2008年，邓婕曾为三鹿慧幼婴幼儿奶粉代言，并且在广告中声称："专业生产，品质保证，名牌产品，让人放心，还实惠，三鹿慧幼婴幼儿奶粉，我信赖！"但该产品很快导致多名婴幼儿患上肾结石病，随即邓婕本人也被告上法庭；2014年，某消费者以姚明虚假宣传汤臣倍健鱼油软胶囊为由，将其告上法庭，从而正式掀起了新一轮"消费者告明星"的风波。

此外，唐国强、解晓东、葛优、张铁林、王刚、范伟、巩俐、濮存昕、王宝强等多位明星也都先后因代言广告而备受消费者质疑。那么，为何名人代言广告就会存在如此之高的风险呢？

事实上，名人代言广告容易出问题的最直接原因便是大多数消费者对这些明星过度信任，认定了明星势必要顾忌声誉，既然敢通过代言来对外进行宣传，产品就一定没问题。但事实上，很多无良商家恰恰就是利用了人们"看脸购物"的心理，请明星代言推销旗下的劣质商品，达到牟取不当利益的目的。同时，明星自身也缺乏足够严谨的工作态度。他们或是在代言之前没能对产品进行深入了解，便匆匆接下广告；抑或是在商谈代言时较为疏心，对代言期限不够重视，导致自己长期代言一款产品，即便初期该商品能做到名副其实，之后也存在质量下降的风险。更重要的是，我国一直以来缺少针对明星代言广告方面的明确规定及法律条款，这也在一定程度上助长了明星只管宣传而不负责的错误意识。例如，某明星就曾一度在自己代言的产品出现质量安全问题后，高调回应："不私了、不道歉、不退钱。"因此，出台关于明星代言方面的针对性法律与行规已是"箭在弦上"。

此前，一些业内专家也纷纷表示，名人们必须要意识到，代言广告并非艺术活动，也不仅是道德活动，而是法律活动。那么，未来可能出台的法律、行规应该从何入手，培养明星对自己言行负责的态度呢？

实际上，其他一些国家之前已经就明星代言广告作出明确规定，要求明星必须自己先使用一款商品且确认有所裨益，才能为该产品拍摄广告。如果没有先行试用就进行代言，有关部门则一律将其定为虚假宣传被对代言明星给予重罚。所以，《广告法》（修订草案）对明星代言提出"先试用"的要求只是第一步。之后，相关部门必须加强监管力度。比方说，规定代言人必须自行拍摄自己在日常生活中使用代言商品的视频并上传至网络证明其确有试用，方能授予其代言许可；广告播出期间，还应定期派遣专人对产品进行质检，一经发现质量安全问题，不仅要对代言明星处以经济惩罚，还要追究其法律责任。凡此种种，或能使明星有所顾忌，进而有意识地引导其在对代言产品进行了解、对代言广告细则的把控等环节更加严肃、负责的态度。

当然，消费者也应通过一次次明星代言出现的问题事件予以总结，及时修正自己的消费观，并且在未来选购商品时变得更为理性，而非仅凭电视、网络上的一张"明星脸"就轻信商家的花言巧语。这样，方能最大限度地降低购物的风险。

2014 年 10 月 9 日

商家与奶农急需利益平衡

　　长期以来，乳制品都是国内居民日常生活中最为重要的食用商品，同时也是市场竞争较为激烈的领域。蒙牛、伊利、雀巢等知名企业无不是一直在通过自身努力，尽可能多地抢占市场份额。与此同时，人们对于该行业的关注度同样较高，有关乳制品的质量、价格等大大小小的问题都能引起多方重视和热议。

　　前不久，有媒体曾报道蒙牛乳业力求降低收购原奶的成本。消息一出，一时之间便引来了很多人的关注。

　　据了解，2014 年 8 月，蒙牛乳业将在青岛、威海等地区的原奶收购价下调至每千克 3.5 元。相比此前每千克 4.5 元的价格，降幅达到 1 元。另外，比较伊利、雀巢等企业在同期每千克超过 4.2 元的收购价，蒙牛给出的价格也不占优势。对此，蒙牛方面表示，公司的确在收购原奶的价格上，与莱西的十余个奶农出现了一点分歧，但通过进一步磋商，目前双方已经就收购价达成了一致，该问题也已经得到了妥善解决。接下来双方将继续合作。尽管如此，人们还是不免产生疑问，作为业内颇具影响力的大型乳制品企业，蒙牛为何会在原奶收购价格的吸引力上，逊色于自己的竞争对手；奶农起初又为何不愿接受这每千克1元的降价幅度呢？

在行业专家看来，蒙牛乳业与奶农之间存有的价格分歧并非某一方的问题，而是因供需矛盾而自然产生。

一方面，对企业而言，他们需要尽可能降低产品成本，提升商品销售带来的利润，以此给予股东更多回报。目前，由于国际奶粉的价格处于下行期，不少海外乳企正尝试凭借较为可观的价格将进口原料粉卖到中国市场，并且在国内通过合资的模式构建奶源。这使得中国乳制品企业在购买原奶时，有了更多选择，自然也就对国内奶源形成了一定冲击。另一方面，从奶农的角度来说，辛苦养大这些奶牛，就是为了将原奶卖个好价钱，以求使自己挣得更高的收益。如今，奶牛食用的进口苜蓿草的价格高达每吨3200元，比此前上涨400元，再加上其余饲料和人工成本也存在不同程度的增幅，若一头牛每天的产奶量不足25千克，奶农不仅赚不到多少利润，甚至还会面临折本的风险，压力之大可想而知。

因此，不论商家还是奶农，对原奶收购价存有异议均属正常现象。想要有效地改变这一现状，或许还需多方面的共同努力。

目前，企业与奶农签订的收购协议的期限一般为5年左右，一旦期间市场价格产生较大变化，双方便难免产生分歧。所以，商家和奶农都应该强化这方面的风险意识，合理确定收购协议的期限，以求能适时根据市场走势作出调整。另外，法律部门也应针对原奶收购尝试研究并出台更加完善的法律条款，明确规定在企业与奶农签订的收购协议的有效期内，任何一方均不得违反协议并单方面调整价格，否则对方可以将之视为违约，并且通过法律程序维护自身的权益。同时，相关部门也应尝试通过税收等手段对进口原料粉给予适当的调节，从而使国内奶农得到最基本的生存空间；行业部门则应尝试对奶牛饲料的市场价格进行适当调控，以求减轻奶农的成本负担。只有各方通力合作或能有效地促使国内原奶收购价回归合理范畴。

　　2014 年，中国奶源市场的竞争愈发火爆。在这种情况下，如何平衡商家与奶农的利益，值得我们予以思考。

2014 年 10 月 18 日

民间融资切勿疯狂

　　近些年，人们开始积极寻求一些能让"钱生钱"的途径，而不甘于将钱存入银行简单的获取一点利息。在这种情况下，炒股、理财、投资等深受人们青睐。特别是投资房地产和民间融资，甚至令很多人赌上了自己的全部家当，只求一夜暴富。

　　但是，这种看似能快速发财的捷径未必如人们想象中那般平坦。前不久，邯郸被曝陷入民间融资危机的消息便值得我们深思。

据媒体披露，自 2012 年银行收紧对房地产企业的贷款以来，邯郸的多家企业便开始通过卖商铺、卖房号、请典当行与担保公司这样的中介帮忙担保、凭诚意金认购期房等多种方式寻求民间融资，并且给出了 50000~100000 元年利率 18%~20%；200000~300000 元年利率 25%~28%；资金超过 500000 元，可以得到 30% 的高额年利率。面对如此有诱惑力的许诺，不少人拿出数万元、数十万元，乃至数百万元不等的资金为房企放贷，期待着得到预期中的丰厚回报。还有一部分人则是借机来邯郸购买房产，以求等待未来升值后转手。

然而，自 2014 年 7 月金世纪地产相关负责人"跑路"开始，多家房企先后出现资金链断裂的现象，邯郸民间融资终究被演变为很多投资者口中的一次"灾难"。那么，究竟是什么原因造成了如今这种情况呢？

投资者自身缺乏风险防范意识是导致其蒙受巨大损失的最主要原因。由于利益驱使，他们不仅自己倾尽所有，将大量积蓄投给当地房企，还会频频向身边的亲朋好友推荐这一"赚钱良机"，而鲜有对投资企业的背景、规模、现状、市场前景等信息进行针对性地了解，更不会提前为投资失败准备好应对措施。同时，很多被推荐参与融资的人也不够谨慎，仅凭熟人介绍一番就轻易地打开了"钱包"，对于投资对象同样是一知半解，且没有为可能的失败做好准备。

此外，民间借贷虽然可以帮助企业缓解融资压力，并且给投资人带来丰厚回报，但更多是在房地产市场处于上行期的时候。事实上，邯郸的人口竞争力相对较弱，市内居民几乎不缺住房，房屋需求量自然也就远不及京沪广等一线大都市。在这一前提下，即使有本地或周边地区的投资者来买房，也并不代表他们会入住其中，更不意味着他们能够提升城市的人口总数，房价自然就难以被带动上涨。不过，很多开发商缺少完善的战略规划，未曾针对邯郸房地产市场的前景进行准确地评估，盲目借贷并不断扩张，最终导致房屋开发量过剩，市场呈现出供远大于需的局面。数据表明，2013 年邯郸市商品房销售面积共计下降 17.6%，代售面积则增长了 17%。特别是住宅的销售面积下降多达 21.8%。这些都是邯郸房地产融资出现危机的重要原因。

　　"灾难"式的融资已然发生，它不仅能令那些深陷其中的债权人和准业主予以反思，更能令其他民间投资者警醒——未来该如何强化自己的风险防范意识？

　　首先，民间投资者想要最大限度地避免血本无归的危险，就必须尽可能地做到理性和严谨，不能仅凭企业许下的高利承诺或熟人之间的简单推介便参与其中，而是一定要在企业的背景、规模、近况、未来规划及该地区的房地产市场前景等方面进行详细地调查、了解，并且确认风险指数处于自己可承受的范围之内，再尝试投资。其次，由于民间融资的风险相对较高，投资者一般不宜倾尽所有，而是应该以小规模投资为主，更不宜随意向亲友推荐，避免给他人造成不必要的经济风险。最后，房地产开发商也应加强战略规划的意识，先行对开发地区的人口总数、房屋占有量、购房需求量等情况进行充分地调研，确认可行性足够好再去设法贷款并开盘，尽可能地规避产量过剩、销售困难、成本无法回收等造成企业资金链断裂的隐患。如此，或能使邯郸的融资危机不再重演。

　　2014 年，邯郸的民间融资告诉我们——投资切勿"疯狂"。

2014 年 10 月 30 日

讲大故事，小城准备好了吗

随着经济全球化步伐不断加快，我国对外开放程度不断加深，近些年中国开始尝试越来越多地承办各类大型国际活动。特别是 2006 年沈阳世界园艺博览会、2008 年北京奥运会、2010 年上海世博会、2014 年北京 APEC 峰会等重要活动的成功举办为中国在世界人民心中留下了非常良好的印象。

前不久，首届世界互联网大会落户浙江省乌镇，不仅让中国得以继体育、文化、经济后，参与到举办信息领域的国际活动之中，更使得举办城市不再局限于京沪等这样的国内大都市——小城一样承担起"大任务"。

"这不是偶然，不是巧合，是多年基础打下来的结果。乌镇，就在等待机会。"之前，一位相关负责人这样解释乌镇为何能承办世界互联网大会。

乌镇能脱颖而出，主要是源于其拥有几个方面的优势。由于现今能够来往于乌镇的交通工具包括高铁、大巴等多种选择，且每隔半小时滚动发车，使得该地区的旅游业异常火爆，尤其受到境外游客欢迎。另外，虽说乌镇一直以来秉承着"以旧修旧、以旧修故"的建设宗旨，内部诸如青石板路、手摇船的小码头、包子铺的灶头等绝大多数设施仍然保持着旧貌，却不乏现代化元素。他们不但早已将高低压线路、电视线路、通信线路、排污管道和自来水管道埋到了地下，还实现主区干道无线网络（WiFi）全覆盖，互联网普及度相当可观。同时，乌镇曾于 2013 年成功举办过首届国际戏剧节，具有一定承办大型国际活动的经验。

一位相关负责人就表示，乌镇符合专家给出的三大举办世界互联网大会的必需条件：像达沃斯那样的小镇，能够赋予其互联网的魅力；能够代表中国几千年的传统文化；互联网经济比较发达。未来，它有可能被选为该大会的永久举办地。

通过乌镇的例子我们可以发现，小城若能更多地参与举办大型国际活动，确实存有诸多裨益。例如，可以缓解大都市的压力。此前，北京为保障 APEC 峰会期间的环境、交通，采取了各单位调休、公车限行等一系列措施。反观小城镇，不论空气质量还是车流量都相对更加理想，更利于活动的顺利进行。此外，小城镇更多地承办国际活动能够让各个国家进一步了解中国，了解中国传统文化的魅力，从而进一步提高我国在世界范围内的影响力。更重要的是，小城承办国际活动，可以扩大其知名度并加强自身的吸引力。这就有望为其争取更多企业和专业人才来此寻求发展契机，甚至是长期落户，进而在助推本地发展的基础上，实现国内人口、资源的平衡。

但是，如今国内的小城镇不都是像乌镇那样准备充分。很多地方不仅像互联网这种现代化元素尚未十分普及，内部建设也缺乏独特的风格，尤其是传统文化的元素并不突出，反倒是暴露出服务业素质较低、环保意识较差、无障碍等必备措施不够完善的缺陷。正因如此，想要让更多国内小城站上国际舞台，各方还需要不断努力。

首先，各地方的相关部门应及时给予自己城镇一个准确的风格定位，即该地区在哪一方面可以被当作"名片"传递给全国，乃至全世界，又适合承办哪个领域的大型活动？其次，应结合我国传统文化元素不断有针对性地完善内部建设，以求提升小城的竞争力。最后，在以上两方面的基础上还应尽量引入现代化科技元素，同时加大素质教育的力度，尤其是强化培养服务业的从业人员的服务意识，以及居民的环保意识。

"小城故事多，充满喜和乐。若是你到小城来，收获特别多。"——未来，要力争讲出更多"大故事"的小城，你们准备好了吗？

2014 年 11 月 27 日

无规则不成方圆

若食盐业实现政企分开

自古以来，中国一直有"盐业系天下"的说法。早在春秋战国时期，食盐就已属专营商品，且为国家主要税收来源。最高时盐税曾占国家财政收入的80%~90%。但是，步入现当代社会后，随着国内经济的不断发展，盐税所占比重也越来越低。到了2006年盐税在我国税收总额中仅占到0.04%。

前不久，相关部门负责人首次表示，未来将改革食盐专营制度。这也意味着，国内盐业有可能翻开新篇章。

据了解，我国目前采用的盐业专营制度始于1996年。彼时，国务院发布《食盐专营办法》（以下简称《办法》），实行食盐定点生产制及批发许可证制，而食盐业务则由各级盐业公司统一经营。2006年，国家发展和改革委员会在此《办法》基础上，颁布了《食盐专营许可证管理办法》，使得盐业成为中国仅有的专营体制、统购统销的行业。不过，2014 年 11 月 15 日，国务院常务会议指出，缩小政府定价范围，实行公开透明的市场化定价，将有助于维护生产者、消费者的合法权益。因此，要进一步加快价格改革，更大程度让市场定价，力争以合理的价格信号促进市场竞争，破除垄断，撬动社会资本投资；以结构性改革的成效助推转方式、惠民生的发展战略。

目前，有关部门正在研究并制订关于盐业改革制度的具体方案，而一旦取消食盐专营制，则意味着盐业将实行政企分开。

事实上，在当今市场经济的大环境下，食盐专营体制确实面临着一些困难。部分业内专家就表示，目前食盐能够给予商家丰厚回报，但政企合一的管理模式使得生产企业难以直接参与销售。通常情况下，生产企业只是负责将产品出售给食盐公司，价格约为每吨 500 元，而后者出售给消费者的价格则为每吨 3000~4000 元，这就在一定程度上造成该行业呈现出利益分配不均的状态。此外，专营体制从某种角度上说，也使得食盐公司同时承担着经营管理与监督的双重职能，这同样存有难以回避的问题。之前就有报道称，个别地方的饭店老板因跨地区用盐而遭到处罚，就曾一度引来外界的广泛关注。这些事实都证明盐业体制确有改革和完善的空间。

那么，若要真正实现盐业政企分离，进而营造一个企业能够自主经营与公平竞争，使消费者能够获得更多选择的市场环境还需要哪些必需的条件呢？

具体来说，相关部门需制定一些有针对性的行业规定，将盐业监管纳入工商行业的监管范围，予以统一监管。一旦企业之间出现恶性竞争的现象，抑或是市场上的食盐存有质量问题，消费者便能第一时间进行举报和投诉。同时，监管机构也能随时对企业的原材料采购、生产制造、保存、运输、销售等各个环节进行检查，保障产品的质量安全。另外，法律部门需尽快针对盐业市场化研究并出台相应的法律条款及处罚措施。这样，如果商家在经营过程中出现违规行为，有关部门便可以依法对其予以处罚，乃至追究负责人的法律责任，以求引导企业步入良性竞争的正确发展道路。不仅如此，面对难得的发展契机，企业自身也应进一步加大内部管理的力度，积极地培养旗下员工的业务能力与行业自律性，以便做好在确保产品质量的基础上，最大限度地争取市场份额的准备。如此，盐业或有望进入后专营制时代。

2014 年 12 月 2 日

门户网站环境亟待净化

近年来，随着人们对各类信息的时效性、覆盖面的要求越来越高，以及博客、微博、微信等社交媒体日益兴起，各大综合型门户网站的客户群也在逐渐加大。与此同时，一些不法分子也将目光投向这一领域，企图借机牟取不当利益。于是，各类小广告、诈骗信息、淫秽色情信息相继闯入虚拟世界。

前不久，公安部和全国"扫黄打非"办公室进一步加大了打击线上"微领域"淫秽色情信息的力度，并且分别对搜狐、新浪、腾讯等知名门户网站因出现上述行为进行了相应处罚。

实际上，门户网站对于不良信息缺乏监管力度早有先例。此前，某门户网就曾因旗下的读书板块存有"涉黄"

类读物而遭到有关部门的严惩。不仅如此，部分门户网站的文体板块时常刊载一些所谓的"花边新闻"和"美图"同样尺度较大，令人唏嘘。另外，在部分门户网的博客板块内，除了能看到尺度很大的"花边博文"，还能看到"美图"和各类广告链接。具体到微博、微信这样的"微领域"，不论是刷粉丝、刷等级、刷信誉等广告，还是投资商机、遇难求助、冒充相关机构公告等诈骗信息，抑或是"涉黄"类图片、读物、网站链接等不良信息均可谓屡见不鲜。

目前很多门户网站在新闻、博客、微博等板块的内容评论方面的限制力度不够，导致很多网民经常在评论栏进行"骂战"。这样一来，即便用户浏览的信息内容没问题，也很可能会因其评论栏污秽不堪而影响阅读质量。因此，门户网的确在环境治理上存在诸多问题。那么，为何会出现这种情况呢？

其实文体板块的"花边新闻"也好，博客板块的"美图"和广告链接也罢，抑或是"微领域"层出不穷的诈骗信息、"涉黄"读物与各个板块评论栏的"骂战"，最终都会为网站赢得大把的流量，进而为其带来不菲的经济收益。从某种程度上说，门户网站监管不力，难辞其咎。同时，这也说明时下我国相当一部分网民的素质有待提高。正是源于他们渴望刷粉丝、渴望通过投资实现一夜暴富、渴望凭借浏览不良信息或在评论栏骂人这样低俗的方式来寻求发泄的契机，才会使这些不法人员有机可乘。另外，相关研发机构没能针对门户网新用户注册提供有效的兼管技术，使得一名用户只要利用不同的邮箱或手机号便能同时注册多个账号，这也在很大程度上为网站管理增添了难度。

凡此种种，证明门户网环境遭到污染，乃是多方面因素造成，而要想改变这一现状，同样需要各方力量的共同努力。

首先，立法部门应该尽快研究并出台更为严厉的法律法规，明确要求各大门户网站加强监管力度，严厉杜绝不良信息的滋生和蔓延，并且实时予以监控。一经发现则给予网站高额罚款、相关板块注销、追究相关责任人的法律责任等重罚，以求培养网站为用户负责、为社会风气负责的运营意识。同时，门户网站管理者也要加强行业自律性，强化内部管理和排查的力度，对那些传播不良信息的账号及时进行封禁、举报等处理，并且增加评论栏的清理频率，净化网站环境。另外，网民更要洁身自好，不仅自身应远离不良信息和"骂战"，还要建立起协助打击这种不法行径的意识，一旦发现类似信息，及时进行举报并将该账号拉入黑名单。如果没有人去浏览，这些"污垢"自然也就没了存在的价值。不仅如此，研发机构也应设法尝试研制更有效的门户网新用户注册监管技术，力争在用户传播不良信息后，能够第一时间将其锁定，从而最大限度地帮助网站进行管理。这样，或能净化门户网的"天空"。

2014 年，门户网的天空亟待净化，我们准备好了吗？

2014 年 10 月 16 日

无规则不成方圆

餐饮 O2O 平台急需良性竞争

近几年，随着国内居民的经济条件与生活水平不断提高，服务行业迎来了一次十分难得的发展契机，各路商家纷纷开始筹划自己的"致富之路"。为此，他们可谓绞尽脑汁，只为尽量多地抢占客户和市场份额。其中，餐饮业的竞争尤为显得激烈，真可谓："商以食为天。"

"现在正是扩张市场的重要时机，必须要快。"前不久，"饿了么"相关人士在接受媒体采访时就曾一度这样说道。

据了解，此前"饿了么"在其 C 轮融资的过程中，收获了红杉资本的 2500 万美元；2014 年 8 月，他们又在 D 轮融资的过程中，获得了大众点评的 8000 万美元：这使其瞬间变得信心十足。数据表明，融资成功的"饿了么"已经于数月间将其覆盖城市的数量由十几个猛推至约两百个！但是，迅速抢占市场的平台不只有"饿了么"。美团网早在2014年1月便得到了一亿美元的融资，力求开拓多项业务，并且迅速将平台覆盖城市的数量推广至一百余个。不仅如此，其他例如百度、阿里、外卖超人等各路商家也逐渐加入了竞争行列。

然而，在这场日趋激烈的"市场争夺战"中，不论哪一方似乎都缺乏真正有新意的竞争手段，而是仍旧局限于"线上烧钱"和"线下印发宣传品"的传统方式。

更加值得关注的是，这种一味求快的推广也不可避免地为商家带来了一些负收益。以前段时间人们热议的"饿了么"与美团外卖之间的竞争为例，由于双方同时进驻各大高校，导致其在线下宣传的过程中产生激烈冲突，不仅被广泛报道，也令外界唏嘘不已。此外，国内一些地方电视台还相继针对不少无照商户通过"饿了么"、美团外卖等餐饮O2O平台非法招揽顾客的现象进行了曝光，这也从很大程度上暴露出平台管理者的食品安全防护意识较弱，对于加盟商的信息审核与监管的力度不够等问题。所以，有些业内人士就认为，这种"重'量'不重'质'"的经营态度已经损害了消费者的基本权益。

那么，"饿了么"也好，美团外卖也罢，抑或是像百度、阿里、外卖超人究竟应该做出哪些改变，以求真正稳定地发展呢？

具体来说，平台管理者应及时自省，并且纠正自身错误的发展理念，力争在强化内部管理的基础上，寻求宣传模式上的创新，逐步赢得消费者信赖，从而凭借良好的用户体验实现稳步扩张。另外，法律部门应尽快研究并完善针对餐饮O2O平台的经营、管理、宣传等方面的法律法规。这样一旦其运营出现问题便能够有法可依。同时，监管部门应加大监管力度，时时对这些平台的管理规范性、加盟商的营业资格及其销售的食品质量进行检查。一经发现违规情况，则依法给予平台、商家或相关人员高额罚款、停业整顿等处罚，甚至追究其法律责任。经过多方努力或能为国内餐饮市场创造一个良好的环境。

2014 年，来自餐饮 O2O 平台的"市场争夺战"已经打响，人们应该予以思考——如何让这种竞争变得良性化。

2014 年 11 月 20 日

电商监管力度亟待加强

众所周知，随着互联网的深入渗透，我们日常生活、工作的方方面面早已离不开互联网，"双十一"购物节更是成为了消费者每年翘首以盼的年度购物盛宴。今年的"双十一"购物节如期而至。2014年的"双十一"吸引了更多商家参与，各大门户网站醒目的"双十一"促销广告刺激着消费者的神经。"超低价格""巨划算"等诱人的宣传让消费者不禁"剁手"。各个购物平台，都呈现出一派买家忙着切换网页下单付款；卖家马不停蹄打包发货的"繁荣"景象。

一些业内人士就表示，"双十一"已经名副其实地成为"中国式购物活动"，而如此之多的消费者和商家能同时感到快乐也算是一项商业奇观。

数据表明，2014年11月11日当天，天猫的总销售额高达 571 亿元，较去年同期增长 57.7%。其中，交易金额达到 100 亿元仅用时 38 分 28 秒，比 2013 年提前 5 个多小时。另外，苏宁易购的开放平台仅用时 18 个小时，就已经创下了销售额同比增长 735% 的惊人业绩。加上其他购物平台，毫不夸张地说，今年购物节的盛况不仅又一次令各路商家赚得盆满钵满，也标志着"双十一"这块金字招牌具备了从未有过的影响力。

但是"双十一"这类集中性质的促销活动始终存有其不可回避的缺陷。比方说，价格暗藏猫腻，表面上消费者很划算，实际上赚不到多少实惠。有些店铺确实对已在销售的商品给予大幅降价，看似非常诱人，但这些产品中有相当一部分是商家清理的残次品，质量风险较高。更有甚者，个别不法商铺干脆出售仿制品来以假乱真，只为节约成本。顾客不仅空欢喜一场，还要面临投诉、维权等售后问题，以至于无端花费大把时间和精力，可谓得不偿失。

据中国电子商务研究中心发布的报告，2014 年上半年，全国电子商务投诉多达 5 万余起，同比增长 21%。

如果说，一些店铺在打折商品上做文章的现象已经有损"双十一"购物活动的声誉，那么各大平台之间互戳对方短板的行为则更是令人们对商家"福利顾客"的宗旨产生质疑。对此，很多业内专家就表示，2014 年多个电商完成上市，此次购物节市场份额的分食能力会影响到他们的市值，这就加剧了各路商家之间的竞争。不过，价格、质量、配送等问题是这些电商平台共同存在的短板，通过互相贬低对手来进行自我宣传不仅有损企业自身的公众形象，也有"五十步笑百步"之嫌。因此，在主流媒体上公开使用粗俗言语打压竞争者，无疑是极不可取的广告创意。正因如此，如何让"双十一"购物节回归良性竞争，进而真正实现"让利于民"，应成为相关部门与行业人士未来的工作重心之一。

具体来说，行业部门应及时加大监管力度。例如，可以尝试派遣专人在"双十一"期间进驻各大商铺，严格对其打折商品进行价格、质量的双重监控。一经发现企业存有价格欺骗、出售假冒伪劣产品等情况，则及时给予其罚款、店铺降权等处罚，并且追究相关责任人的法律责任。同时，相关部门应尽快完善促销活动的规章制度。要求快递公司必须具有一定规模的仓库、一定数量的派送员方能承担"双十一"配送业务，从而保障配送的安全系数和速度。另外，各大媒体也应培养舆论监督的意识，杜绝为商家刊载贬低他人、言语粗俗的宣传广告，引导商家进行良性竞争。更重要的是，消费者要建立理性的消费观，不要盲目掏钱，而要尝试先比较再购买，以求务实为先。通过各方努力，让商家回归到正常、有序的竞争中。

2014 年"双十一"购物节已经落幕，但对于电商监管力度却正需加强。

无规则不成方圆

2014 年 11 月 25 日

信息消费亟待提升安全系数

进入 21 世纪以来，全球逐渐步入信息化时代，人们的信息消费也开始增加。有报道称，信息消费每增加 100 亿元便能带动国民经济增加超过 300 亿元。目前，美国、日本等国家的人均信息消费金额已达到数千美元，但中国居民人均用于该领域的消费仅为 200 美元左右。这说明，我国的信息消费仍有很大潜力可以开发，发展空间也着实不小。

事实上，近两年国家也一直在尽可能地鼓励信息消费，并且为此出台了一些更加完善、更具有针对性的助推政策。

2013 年，国务院发布了《国务院关于促进信息消费扩大内需的若干意见》，要求通过加强信息基础设施建设，加快信息产业优化升级，大力丰富信息消费内容等方式，建立促进信息消费持续稳定增长的长效机制——这四个方面的工作来推动面向生产、生活和管理的信息消费快速健康增长。在国家政策强有力的支持下国内信息消费得以迅速发展。例如，2013 年我国智能手机的产量较前一年增加超过 60%，而互联网购物、互联网休闲娱乐、互联网公共社交等领域的应用平台同样在尝试开设多种付费业务。不仅如此，大数据、云计算等信息化管理模式也随之应运而生。

毫不夸张地说，国内信息消费正在逐步扩大规模，甚至成为了引领消费、扩大内需、提振经济的"新王牌"。然而，当前我国的信息消费仍处于发展阶段，一些细节也需要继续完善。这其中，尤以安全系数亟待提升。

前不久，360 互联网安全中心发布最新安全播报公布了刚刚截获的一批通过 E4A 语言进行开发，在 QQ 平台以刷钻为名进行"钓鱼"，吸引用户输入密码并窃取其登录号的手机木马程序。对此，一些手机安全专家表示，这款由安卓系统的 APP 开发的 E4A 中文安卓编程语言具备了易学易懂、上手较快的特点，导致其在降低应用开发难度的同时为不法分子制作恶意程序提供了便利条件。这些程序往往只需要一个界面及数个控件，就能简单地获得 QQ 用户的登录号和密码，之后再利用网络、短信等方式传回给木马制造者。如此，不法人员不仅有可能使用盗取来的 QQ 账号对用户进行诈骗、勒索、恐吓等违法行为，更有可能以这些 QQ 账号作为传播工具，进一步扩大木马病毒的覆盖面，危害程度可想而知。

与之类似的木马、病毒、恶意插件等程序除了频频出现在互联网应用软件、平台上，还在威胁着广大消费者的"线上钱包"。如移动支付方面，此前就有很多银行提醒储户切勿轻易开通网银，也不要随意进行绑定。然而，在国家鼓励信息消费的今天，轻易不进行信息消费、不使用信息产品显然不应是人们的理想选择。因此，有关部门必须设法尽快研究并出台一些有针对性的安全保障措施，解决信息消费者的后顾之忧。

作为专业部门，信息安全部门应该在进一步加大对线上木马、病毒、插件等恶意程序的排查、拦截力度的同时，尝试通过不断开发、升级网络安全防护软件来保障用户的个人信息。另外，行业部门也应尝试加大监管力度，要求企业提高信息产品开发工具的使用难度，以及员工所需专业技术的门槛，力争不再给那些不法人士可乘之机。不仅如此，各大网站也应加强自身的行业自律性，时时对微博、QQ、人人网等社交应用或平台予以检测和清查，一经发现有人发布刷粉、刷钻这样的广告，或是其他诈骗信息，则积极举报并配合公安部门在现实世界对其予以严惩。凡此种种，或能有效缓解人们在进行信息消费时的顾虑。

未来，国内信息消费的安全系数将在很大程度上左右人们的信息消费动力和幅度——从业者是时候行动起来了。

2014 年 12 月 4 日

汽车市场亟待加强反垄断力度

　　随着国家经济发展速度不断加快，国民生活水平也日益提高。拥有一辆属于自己的车已不再是梦想。越来越多的人尝试加入"有车一族"的行列，除了自有品牌在市场占有很大份额之外，而诸如奔驰、宝马、丰田等国际知名汽车品牌也相继在中国市场大展宏图。但值得关注的是，这些跨国车企虽丰富了消费者购车选择的同时也被指有垄断市场之嫌。

　　近日，新一轮针对跨国汽车品牌的反垄断调查已经在全国各地展开。其中，江苏省物价局便在调查过程中大有收获。

　　据了解，自 2014 年 7 月下旬以来，江苏省物价部门分别对苏州、扬州、无锡、淮安、丹阳这五座城市的奔驰经销商展开调查。同时，他们还调查了位于上海的奔驰东区总部等相关营销场所，并且取得了一定进展。另据中国汽车维修协会于 2014 年 4 月披露的一组数据，奔驰汽车的 C 级"零整比（一辆车全部零配件的价格之和与一辆整车售价的比，通常代表着该车的维修成本）"高达 1273%！换句话说，一辆奔驰汽车的所有零配件的价格总和约等于十二辆整车的售价，该品牌汽车维修、换件的成本自然也就可见一斑了。

　　"奔驰案是典型的纵向价格垄断，即利用自身主导地位对下游售后市场的零部件价格以及维护保养价格进行控制。"之前，某位参与调查的相关负责人这样说道。那么，为何奔驰能够对国内汽车市场进行纵向垄断呢？

　　事实上，目前国内很多居民都有着非常强烈的购买私家车的愿望。特别是身处大中型城市的年轻人，由于饱受上下班挤公交、挤地铁的烦恼，买车的意愿尤为强烈。但是，这并不意味着来自海外的商家们可以肆意抬高整车的售价：一方面，私家车销售市场的竞争本就十分激烈，购车族握有绝对的选择权；另一方面，跨国车企进军中国，为的就是凭借自己久负盛名的品牌优势抢占市场，他们急需拿出同本土车企竞争的态度。所以，如果国外商家提高整车售价，大多数消费者自然就会更倾向于国产汽车品牌，这无疑会削弱跨国车企在中国的市场竞争力，进而影响其长远发展战略。

　　相反，在零配件上做文章多半可以稳赚不赔。因为一旦消费者买了车就必定需要在特定的时间为之进行维修和保养，期间只要商家提出该车存有安全问题并建议更换零配件，车主便只能买账，别无选择。毕竟，谁也不愿意让自己的爱车平添安全隐患。另外，就现阶段国内居民整体的消费水平而言，汽车仍属于高档消费品，人们通常也不太可能为了避免更换几个高价配件而再去购买一辆新车。也就是说，在售后、维修环节，商家会拥有绝对的主导权，这也是他们能够进行价格垄断的最重要原因。既然如此，相关部门又该如何有效地"反垄断"呢?

当务之急,行政、执法部门应该进一步加大针对跨国车企在售后、维修环节进行价格垄断的处罚力度。比方说,除了要给予他们巨额罚款外,还应禁止他们继续在国内销售旗下产品及开展相关业务,以求对这些国际知名汽车品牌商家构成威慑,迫使其不敢肆意抬高零配件的售价。此外,行业部门还需尝试建立专业的汽车零配件性能鉴定机构。当商家在维修过程中提出需要更换配件时,车主便能要求该机构对那些"需换新"的配件进行鉴定。若最终证明那些配件尚未损坏,则车主可以向相关部门进行投诉。这样,就能在一定程度上限制商家随意以安全隐患相要挟,要求车主更换零配件的行为。凡此种种,或能使国内汽车市场的"反垄断"工作更具成效。

2014 年,奔驰通过售后、维修进行纵向垄断仅仅是个案,"反垄断"仍在路上……

2014 年 8 月 21 日

理财高回报时代更需强化风险防范

近几年，金融行业日趋火爆，各种理财产品更是层出不穷，不仅引来社会各界的广泛关注，更是收获了越来越多的投资者和发展契机。特别是这个冬天，除了各大银行进一步提升利率，一些互联网企业也纷纷试水，加入到竞争者的行列之中——贯穿双线的"金融大战"正于岁末年初愈演愈烈……

而为了能激发出更多客户投资的兴趣，个别企业甚至将其新推出的理财产品的预期收益提升至8%~10%。之所以出现这一现象，主要是相对于在银行存款或投资股市，购买理财产品的性价比更高。一方面，理财产品的年化收益率远高于银行每年的存款利率，且很多产品投资期限并不长，通常2~3个月就能获利，这就使用户的资金流动和投放更为灵活。另一方面，理财产品又拥有比股票更高的稳定性，通常不会出现一夜之间血本无归的情况。特别是一些保本理财产品，风险就要更低，基本能确保稳中有赚。对于谨慎型客户来说，这类投资无疑吸引力更高。因此，理财的优势在于能够迎合时下国内绝大多数投资者的心理需求，它的火爆可谓情理之中。

然而，理财产品也并非全都是稳赚不赔。此前，某银行员工私售理财产品，却在到期后无法偿付，一度引起轩然大波；新近推出的互联网理财平台——余额宝也曾因出现客户资金被盗事件而备受关注。这些都证明理财尚有其不够完善之处，需要进一步规范并强化风险管控。

从根源上说理财的问题，或者说安全隐患主要还是来自于管理方面。以某银行理财风波为例，其员工出售的产品并未在总行报备，也没有按程序报给监管部门进行审批，属于营业员自主销售。这不仅说明时下一些银行员工的职业操守未能达到从业标准，道德品质亟待提高，更是揭示了企业在内控管理环节的松懈；支付宝方面虽然坚称余额宝资金被盗概率为十万分之一，但不法分子能够在客户设置多重密保措施的情况下盗走资金，说明支付宝的系统安全防范与管理的确存有一定漏洞。况且，当前支付宝的注册用户已超过 8.5 亿人，即便是十万分之一的被盗率，其风险依旧不算低。此外，面对如雨后春笋般冒出的各类理财产品，不少客户表现得过于轻率，缺乏对产品信息与操作风险的深度了解，往往为求高利率而盲目投资，这也在一定程度上造成理财市场鱼龙混杂的局面。

所以，越是在眼下这个理财产品双线争锋、交相辉映的时期，行业人士越是应该强化内部控制管理及系统安全建设；投资者越是应该理性投放，稳中取利。否则，不论对客户还是企业自身而言，高收益背后的风险同样会不断提升。

无规则不成方圆

　　具体来说，银行应对销售理财产品的员工实行严格的授权管理，规范操作流程，强化内部监督，向投资者提示投资风险。同时，还应实行问责制度，对于违规者及时予以重罚，乃至追究其法律责任。另外，银行还应尝试定期通过互联网发布自己出售的产品名单。这样一来，投资者便能依据名单对照营业员出售的产品是否正规，以求降低被骗的概率。而新兴的线上平台则要积极地向网络安全方面的专业人士寻求帮助与合作，强化且不断升级其安全防护体系。不仅如此，行业监管部门也要加大巡查和监督的力度，定期或不定期派遣专人分别对银行销售员与互联网系统进行审查。除了行业人士，理财用户同样应该提升风险防范意识，在投资之前对产品进行详细了解，不要盲目追求高回报，且注意交易使用的网络设备及上网环境，谨防木马病毒入侵。凡此种种，或能切实有效地降低客户投资的风险。

　　在高利率时代的今天，不论是出售理财产品的企业，还是寄希望于通过理财使"钱生钱"的投资者都要先仔细思考如何做好风险防范。

2014 年 1 月 8 日

当银行也能破产

　　"未来要让市场说话，让资本说话，如果商业银行最后资不抵债，就会退出。"前不久，银监会副主席阎庆民在"北大经济国富论坛"上透露，银监会已开始酝酿推行银行破产条例或退出机制，新政或将很快出台。消息一出，立即引来社会各界的高度关注。国内银行也会破产，几乎在一夜之间成为无数人热议的焦点。

　　值得注意的是，国务院法制办早在 2007 年年底就已经着手起草关于银行破产方面的条例。后因国际金融危机而暂停，但 2011 年该草案被重新启动，并且同监管机构达成相对一致的思路。

　　事实上很多国家较早便已经推行银行破产制度，而且收到了不错的效果。以美国为例，2008 年国际金融危机期间虽有诸多银行倒闭，却很少出现挤兑现象。绝大多数银行甚至是周五宣告破产，周末便被转卖，周一就能重新营业，而零售储户基本不会因此受到太大影响。究其根源，便是他们拥有一套成熟的银行破产制度，具备快捷、灵活性强、注重预防性监管与提早介入等特点，适用于银行及其相关机构，能够凸显出银行监管部门在实施操作过程中的核心作用，进而有效地维护金融系统稳定。

相比之下，我国则一直采取由政府为金融企业的破产和坏账兜底的政策。也就是说，作为企业的银行若在经营方面出现问题，存款人的损失便全都要由政府进行补偿。这样一来，就使得很多人存在着一个错误观念：将钱存放至银行是有国家信誉作为担保的，可以毫无风险。在没有存款保险制度的前提下，一旦银行陷入财务困境或经营失败，不仅会给负责赔付的国家带来巨大损失，对于纳税人也很不公平。例如，1998 年海南发展银行因出现兑付危机而倒闭；2001 年台州泰隆城市信用社出现挤兑风波；2005 年青海省格尔木市的八家农村信用社被撤销：最终均是由央行进行兜底。这种机制势必大幅增加财政成本，导致银行的经营风险及损失转嫁到国家身上并滋长道德风险，扭曲市场竞争规则。因此，允许银行破产在一定程度上也是建设一个有效且充满竞争性的银行体系的需要。

然而，美国的银行破产制度之所以收效显著，在于其整个制度经过了长达 70 多年的实际磨砺和不断改进，而我国的银行破产制度时下仍是一片空白。想要顺利推行破产条例，就必须先行出台其他一系列配套措施，以求进一步研究风险补偿及分担机制，加强对于存款人的保护。

这其中，最先需要建立的当属存款保险制度：由符合条件的各类存款性金融机构联合打造一家保险机构，各存款机构作为投保人按一定存款比例向其缴纳保险费，建立存款保险准备金，用于在成员机构出现经营危机

或濒临破产时，存款保险机构向其提供财务救助，抑或是直接向存款人支付部分或全部存款，从而维护存款人权益和银行信用，稳定金融秩序的一种制度。据了解，在央行计划推行的存款保险制度中，设立的赔付上限为50万元。这就意味着，当储户在一家银行的储蓄存款总额不超过50万元时，即便该银行倒闭，他也能获得等同于自己存款金额的赔偿。但问题是，若储户在一家银行的单笔储蓄存款超过赔付金额上限，一旦银行破产的话，超过50万元的部分便无法得到赔偿。更重要的是，企业存款并不在赔付的范畴之内。那么，从那些大额存款储户，尤其是私营企业法人的角度来说，允许银行破产无疑含有极大风险，甚至会使其自身同样陷入资不抵债的窘境。

所以，有关部门在推行银行破产条例，并且辅之以存款保险制度的同时，还应该借鉴国外金融行业成功的模式，推出与个人破产制度相关联的风险补偿和分担机制。这样，方能从根本上保护因银行破产而蒙受损失的所有储户的合法权益。

另外值得一提的是，当前我国的银行仍旧处在计划机制与市场机制并举的机制下，存款利率还没有完全放开。对利率实行管制不只是不利于货币政策的有效性发挥，还会加剧银行经营的风险。最重要的是，这种管制难以激发企业对于有效资金的需求，以致助长其滋生寄希望于通过降低利息来解决亏损的依赖心理，进而对建立社会信用体系与银行经营模式的转变造成诸多负面影响。相反，若能实现利率市场化，银行便可以自主决定资金供给和资产运用，此举无疑对降低企业因利率受到约束而产生大量不良贷款所造成的风险大有裨益。另外，利率市场化可以对企业形成硬性的成本约束，有效地限制其对资金的过分需求及低效运营，最终促进银行改革，加快企业内控建设与风险管理。

正因如此，全面实现利率市场化，将利率的决策权全部交给金融机构，使之能够根据资金状况及其对于市场走势的判断自行调节利率，建立以央行基准利率为基础，货币市场利率为中介，由市场供求决定金融机构存贷款利率的市场利率体系和利率形成机制，同样是推行银行破产条例过程中必不可少的环节。

酝酿多年的银行破产条例或退出机制将很快出台，这将有助于我国的金融改革，以及促进国内经济的良性发展。正因如此，完善其配套措施才显得尤为重要。是时候了，我们应该仔细思考——当银行也能破产……

2014 年 1 月 28 日

信用卡消费急需完整版说明书

在时代发展步伐不断加快、科技进步速度日益提升的今天，人们的生活节奏变得越来越快，对各方面的要求也越来越高。在这样的前提下，各行各业都开始顺应时代的需要，积极地将"方便快捷"的理念注入其中。作为一种异常便捷的支付方式，信用卡的普及度迅速扩大、用户群体日益增多，便非常具有代表性。

然而，信用卡消费在为人们带来便捷的同时，却给其用户造成了诸多不必要的麻烦，乃至经济损失，这也引起了很多人的关注。

据了解，当前信用卡消费存在的诸多"隐形规则"愈发令用户感到头痛不已。除了普遍存在的"睡眠卡"等于"偷吃卡"，即多数银行不会注销已激活却并未使用的信用卡，

201

无规则不成方圆

且继续收费的现象，不少银行推行的免年费政策均带有"必须消费累计达到一定次数或金额"等附加条件；很多银行会在节假日期间临时调高信用卡额度，而调高的额度不能享受分期付款待遇，一旦用户未能于规定期限一次性还款，就将被罚利息、滞纳金与超限费；"最低还款额"只是就影响消费者信用记录而言，部分银行不但依旧会采用"全额罚息"，且收取的还是分期付款带来的循环利息；"全额罚息"并不是像很多消费者想象中那样，自还款日计起，而是从消费产生日起便已经开始计息：凡此种种都让信用卡消费备受质疑。

近日，有媒体报道，国内某大型银行的一位用户更是在使用一种带有"对每笔交易都自动进行分期还款"功能的信用卡时，就因自身未能及时了解该卡的特殊性而导致其消费被自动分期，并且被收取了数千元服务费。那么，本应给消费者提供便捷服务的信用卡究竟为何会存在如此多的问题呢？

究其根源，主要还是目前缺少足够明细的信用卡使用规则，以及强有力的行业监管。一些业内专家就认为，目前不少银行的销售人员在给旗下用户推荐信用卡时，经常喜欢将该卡的优势进行无限放大，却很少能够详细地向对方介绍使用规则，甚至回避诸如"隐形规则"及收费不合理等问题，这无疑不利于营造健康的消费环境，且引起纠纷的可能性也会大幅提升。此外，当下国内鲜有为信用卡消费专门设立的维权机构，行业部门也只是要求银行规范收费标准，但针对个人客户的收费没能拿出更有效的措施，更是少对信用卡使用规则是否透明与合理的监督，这就致使用户常常面临投诉无门的尴尬。同时，消费者自身缺乏详细了解信用卡使用规则的意识，对于不同类别信用卡存有的不同功能与细则了解不够深入，这也在很大程度上成为其因"隐形规则"而蒙受损失的重要原因。

正因如此，设法令信用卡消费规范化、透明化，似乎已是势在必行。

具体来说，银行应该及时改变营销理念，从长远发展、服务客户、方便客户着手，对信用卡规则的不合理性予以修改并将全部细则通过网络、媒体、网点公布于众，让人们充分了解其属性及使用规则，对需要向客户重点提示的细节，特别是违约时客户应承担的责任应有显著标识。同时，行业部门需尽快建立专门用于信用卡消费者投诉的维权机构，要加强信用卡消费领域的管理；监管部门则要加强监管力度，助力信用卡规则不断完善与透明。另外，用户自身也要强化法律法规意识，在办理信用卡时，详细了解信用卡关于收费方式、利息计算、违约罚款等细则，减少不必要的损失。这样，或能让信用卡的作用得到更好地展现，真正做到服务客户、方便客户。

未来，方便快捷的信用卡消费方式势必会得到更多人的青睐——"请给它制作一份完整版说明书"——这也是所有信用卡用户的愿望。

2014 年 5 月 8 日

建"铁塔"应谨防行业垄断

一直以来，中国电信、中国联通、中国移动三大运营商分庭抗礼，在国内电信产业都占据着举足轻重的地位，三家企业之间的竞争也始终保持着异常激烈的状态而从未间断。但不久之后，这样的情况似乎有可能随着一家被不少媒体冠名以"铁塔"的公司出现而画上休止符。

近日，中国电信、中国联通、中国移动分别发布公告，称三家企业正在就寻求共同发展基站和通信塔而商讨组建合资公司，也就是所谓的"铁塔公司"。

众所周知，在三大运营商使用的 3G 制式中，只有中国联通采用的是时下最为成熟的 WCDMA 制式。相比之下，中国电信采用 CDMA2000 制式和中国移动采用中国主导的 TD-SCDMA 制式则要略逊一筹，这就致使他们不得不通过强调自己的网络覆盖率与稳定性来争取生存的资本及发展的契机。不过，一旦"铁塔公司"能够成立且共同发展成为移动网络重要物理组成部分的基站和通信塔，就将由该公司根据调查市场需要并按照运营商的共同需求建立网络，而各个运营商便无须再以竞争的形式铺设各自的网络了。

因此，三大运营商在其发布的公告中均强调组建"铁塔公司"的目的是为了能更好地推进通信基础设施的资源共享，以及降低网络建设和运营的成本。然而，资源共享虽有上述优势，却并非百利无害。

仔细观察不难发现，这种多家企业围绕网络覆盖率展开的竞争是消费者最乐于见到的情况。因为他们可以凭借体验不同制式的网络来选择最满意的一种进行使用，其网络质量和网络服务都能得到保障。从三大运营商的角度来说，其相互竞争的背后，实际上体现得是彼此促进、彼此监督。他们必须通过不断进行市场调查与技术研发来保持旗下网络的生命力及市场竞争力，以求维系其用户占有率。但是，一旦"铁塔公司"成立，消费者便只能面对一个网络，失去了选择权；运营商也不必再绞尽脑汁地争取更多客户，甚至很可能不会再增建基站，而全部从"铁塔公司"租赁：这或许将会导致国内电信行业缺乏竞争，而且，也将不可避免地出现"一家独大"的垄断局面，这与《中华人民共和国反垄断法》（以下简称《反垄断法》）第二十条第三款的规定相冲突。所以，政府及有关部门应尽快从法律法规与行业监管方面作出一些有针对性的监管措施。

目前来看，中国电信产业在体系化的法律结构下，仍然缺少足够的支撑。特别是在《反垄断法》出台后，此前的《中华人民共和国电信条例》已无法再很好地满足现行中国竞争体系和电信市场的要求。正因如此，尽快研究并制定业界期待已久的《电信法》，以便根据市场需求明确产业发展方向，建立规范的网络服务制度，营造公平竞争的市场环境已是当务之急。此外，

无规则不成方圆

政府和相关部门也应设法明确自己在中国电信产业中的身份界限，找到自己在市场结构中的准确位置，进而在推动中国电信改革的过程中起到促进作用。凡此种种，或能使电信产业得到更多正能量。

"铁塔公司"或将问世，防范市场垄断不应忽视。

2014 年 5 月 27 日

国内视频网站需"正"道而行

随着互联网愈发普及，今天人们的业余文化生活早已在单纯地在家看电视、去电影院看电影、去剧院看文艺演出等线下娱乐活动的基础上，加入了诸如在线网络游戏、在线下载和观看影视剧、在线观看文体节目直播等线上元素。这其中，尤以各大视频网站备受广大居民的青睐，甚至已经成为不少人生活中的休闲必需品。

然而，视频网站的火爆就如同一把"双刃剑"，在越来越被用户认可的同时，则是一次又一次被相关机构拉入盗版"黑名单"。

前不久，美国电影协会公布了一份全球音像的盗版调查报告。该报告不仅列出了一批提供盗版下载链接的网站名单，还列出了全球十大盗版音像制造市场的名单，而来自于中国的迅雷、人人影视字幕站和北京海龙电子城均被列入这两份名单之中。值得一提的是，迅雷与人人影视已经是继 2013 年之后，连续第二年进入全球音像盗版"黑名单"。特别是迅雷，还曾在 2011 年进入该名单，并且早在 2008 年就已被美国电影协会起诉过盗版。此外，2013 年的"黑名单"中，还包括之前因涉黄而被查封的快播。这说明，国内音像，尤其是一些国内视频网站正在面临版权侵权问题。

对此，人人影视方面表示："由于受到版权压力，将在 11 月底彻底清除所有无版权资源下载链接。"这也被很多人看作是积极回应美国电影协会将其拉入"黑名单"的决定。那么，这些视频网站的版权问题究竟是因何而来呢？

仔细观察不难发现，由于视频网站的内容覆盖面很广，能够提供国内外电影、电视剧、纪录片、综艺节目、动漫、体育赛事等各个领域的视频资源，这使其能够快速打造一个庞大且稳定的用户群。但是，绝大多数用户之所以乐于下载或在线观看这些视频资源是建立在免费的基础上。一旦网站开启付费业务，往往就会面临大量用户流失的风险。相反，利用盗版资源不仅能降低运营成本，同时还能争取到更高的用户占有率。于是，近几年始终有不少视频网站以此作为自己在市场竞争中立足的一张"王牌"。正因如此，网络盗版资源的滋生也意味着国内互联网用户的线上消费观存在着问题。要知道，每一家网站的运营、资源采购、人员管理、市场拓展无一不需要成本投入，无一不是为了能够盈利。若单纯投入却不求回报，商家又怎会开设网站？用户一味追求"免费的午餐"，只能将商家引向非正规的发展道路。

相比盗版资源产生的原因，其严重的后果同样值得关注。一般情况下，美国电影协会都会将其发布的调查报告递呈给美国贸易代表办公室，并且直接左右华尔兹投资者的态度，最终影响网站上市的进程。之前，迅雷想要上市的计划就一度因进入盗版"黑名单"而推迟。所以，版权纠纷已成为国内主流视频网站寻求上市与资本市场认可的过程中必须清除的屏障。不过，想要真正改变这一现象，还需要多方面的共同努力。

具体来说，法律部门应尽快研究并及早出台更完善、更具针对性的法律条款和处罚规定，通过进一步强化法律武器来对提供盗版资源的相关不法人员形成威慑。同时，有关部门应加强对视频网站的监管力度，定期对其进行清查。一经发现盗版资源，则给予网站及相关责任人暂停运营、经济罚款等处罚，甚至追究其法律责任，以此引导网站诚信经营。另外，诸如迅雷、人人影视这样侧重用户个人分享的视频网站除了需要更加强调员工的行业自律性并于采购资源时拒绝盗版，还应在用户注册、资源审核等方面加强管理。例如，可以尝试限定每个 ID 只能注册一个账号，且在发现其上传盗版资源后，永久取消其使用权限并积极向有关部门举报，力求最大限度地杜绝用户之间相互分享盗版资源的情况。更重要的是，用户自身应尝试改变线上消费观，建立付费下载和付费观看的消费意识。这样，方能为网站提供健康发展的平台，有效改善国内视频网站面临的版权问题。

未来，国内视频网站需"正道而行"。

2014 年 12 月 18 日

　　本书是我近年来对一些发生在经济新常态下的若干公众热议话题的思考和认识，作为时评文章绝大部分已公开发表过。书中所提出的各种看法均为个人观点，不妥之处，敬请读者批评指正。

　　特别感谢父母多年来给予我的关怀、教导和培养；感谢中国社会科学院财经战略研究院高培勇院长在百忙中为本书撰写了序言，给了我极大的鼓励。同时，对我的启蒙老师曾智安老师、胡正伟老师、陈玫老师所付出的辛勤努力和无私的奉献，中国财经报报社的领导和编辑们给予的鼓励和支持，中国财富出版社社长王波和编辑李彩琴的努力工作，还有很多亲朋好友给予的热心帮助表示衷心的感谢！

　　作为一名财经新闻评论工作者，我知道自己对于当下经济现象的认识与理解还停留在非常浅显的层面，但我也深知只有不断学习并敢于不断尝试才能不断积累、不断成长。所以，正如这本书的名字一样——《请恕我直言——经济新常态下公众热议话题之微评析》……

赵宇辉

2015 年 10 月